V

HABITATIONS RURALES.

EXTRAIT

DE L'OUVRAGE INTITULÉ,

TRAITÉ DES CONSTRUCTIONS RURALES

ET DE LEUR DISPOSITION,

ou des maisons d'habitation à l'usage des cultivateurs;
des logements pour les animaux domestiques,
écuries, étables, bergeries, porcheries, chenils, poulaillers, etc.;
des abris pour les instruments,
les récoltes et les produits agricoles,
hangars, remises, fenils, granges, gerbiers, laiteries, celliers, etc.;
des constructions destinées à recueillir les eaux,
étangs, viviers, citernes, puits, etc.;
et de l'ensemble des bâtiments nécessaires à une exploitation
rurale selon son importance :
suivi de détails sur les modes d'exécution
et terminé par une bibliographie spéciale;

PAR L. BOUCHARD-HUZARD,

2 VOL. GRAND IN-8°

Avec de nombreuses figures dans le texte et 150 planches à l'échelle, représentant des plans, élévations et coupes de ces diverses constructions.

HABITATIONS

A L'USAGE

DES CULTIVATEURS

DISPOSITIONS SPÉCIALES POUR LES OUVRIERS RURAUX,
POUR LE CHEF D'UNE PETITE CULTURE, POUR CELUI D'UNE MOYENNE EXPLOITATION,
POUR LE DIRECTEUR D'UN GRAND DOMAINE ;

PAR

Louis BOUCHARD-HUZARD,

PROPRIÉTAIRE,

Secrétaire général de la Société impériale et centrale d'horticulture de France,
Lauréat de la Société impériale et centrale d'agriculture de France,
Correspondant des Sociétés d'agriculture de Lyon, Rouen, etc.,
Secrétaire du jury du IXe groupe (horticulture) à l'Exposition universelle de 1867,
Membre de la Société zoologique d'acclimatation, etc.,
l'un des rédacteurs des Annales de l'agriculture française.

DEUXIÈME ÉDITION
AUGMENTÉE.

Paris
IMPRIMERIE ET LIBRAIRIE D'AGRICULTURE ET D'HORTICULTURE
DE MADAME VEUVE BOUCHARD-HUZARD,
RUE DE L'ÉPERON, 5.

1868

HABITATIONS

A L'USAGE DES CULTIVATEURS.

Les constructions rurales sont généralement moins bien disposées que celles des villes, et l'architecture des campagnes est encore loin de la perfection que cet art atteint dans nos cités. « L'art de loger les hommes, les animaux et les récoltes avec simplicité, solidité et économie, est le premier problème que l'on ait à résoudre dans la science des campagnes, » disaient François de Neufchâteau et Huzard, dans leurs notes au *Théâtre d'Agriculture* par Olivier de Serres, jointes à l'édition publiée par la Société d'agriculture de la Seine en 1804. Nous avons tenté de faciliter la solution de ce problème.

En publiant le résultat de nos études sur les constructions à l'usage des cultivateurs, étude dont l'origine a été la nécessité d'élever par nous-même divers bâtiments de ce genre, et que le désir d'être utile à d'autres nous a fait continuer depuis plus de vingt-cinq années, nous avons eu pour but de fournir quelques renseignements aux propriétaires, peut-être de leur éviter d'assez longues recherches, et de leur montrer, non des modèles à suivre, mais des exemples leur présentant des indications pour les constructions qu'ils pourraient vouloir élever.

La *maison d'habitation* devait nécessairement avoir la priorité dans l'ordre de nos études : l'amélioration de la demeure de l'homme des champs est un but trop utile à atteindre pour que nous n'ayons pas essayé d'y contribuer de tous nos efforts. Qui n'a bien des fois gémi, en parcourant nos campagnes dans la plus grande partie de la France, de voir les affreuses cabanes où nos paysans étaient réduits à se loger, c'est-à-dire à prendre leurs repas, à vivre en famille, à élever leurs enfants, à se reposer du travail, à se livrer à un sommeil réparateur? Combien y a-t-il de ces bâtiments qui puissent satisfaire à leur destination d'une manière convenable? Appelé à construire des maisons de cultivateurs, nous avons cherché à nous rendre compte de ce qu'il fallait établir pour leur usage, nous avons examiné avec le plus grand soin les besoins de l'homme des champs et les satisfactions qu'il devait trouver dans son habitation, suivant les diverses circonstances où il peut se trouver placé. En décrivant les moyens à employer dans ce but (1), nous avons voulu faire pour la classe de nos ouvriers agricoles ce que tant d'autres ont essayé pour les ouvriers de nos manufactures ou de nos cités.

La salubrité d'une habitation devant être la principale préoc-

(1) Nous avons publié pour la première fois en 1858, dans le 1er volume du *Traité des constructions rurales*, une grande partie de nos dessins sur les habitations à l'usage des cultivateurs; ils ont ensuite paru séparément en 1863, lors de la réimpression de ce premier volume. Nous avons apporté quelques modifications et ajouté plusieurs figures à la nouvelle édition dont nous nous occupons depuis 1866, et que nous livrons aujourd'hui (août 1868) au public agricole.

cupation d'un constructeur, il fallait d'abord indiquer les moyens de l'obtenir : les conditions générales d'établissement, qui comprennent l'exposition, le pavage, le plafonnage, les portes et fenêtres, les auvents, le perron extérieur, l'élévation au-dessus du sol environnant, ont été détaillées l'une après l'autre ; leur description a été complétée par des considérations sur la distribution et la convenance générales du local. C'est alors qu'il fallait examiner et ranger les habitations en diverses classes : sans attacher une grande importance à des divisions dont il serait plus que difficile de déterminer les limites, nous avons d'abord parlé des habitations pour les journaliers, puis de celles nécessaires au chef d'une petite culture, à celui d'une moyenne exploitation, au directeur d'un grand domaine.

Des exemples divers ont été présentés pour chacune de ces catégories, principalement pour les deux premières, celles des journaliers et des petits cultivateurs : leurs habitations appellent une étude attentive, parce qu'elles doivent nécessairement être peu coûteuses dans leur construction, et cependant être salubres et commodes. Les distributions d'habitations pour moyennes exploitations pourront fournir des indications nouvelles. Enfin, pour les grands domaines où le propriétaire est souvent le chef des cultures, en insistant sur une disposition qui permette la surveillance de l'œil du maître, nous devions nous borner à trois ou quatre exemples, ne voulant point écrire sur les maisons de plaisance, villas, châteaux, qui étaient hors du cadre de notre travail.

Cet opuscule contient 46 pages de texte,
25 planches et 90 figures.

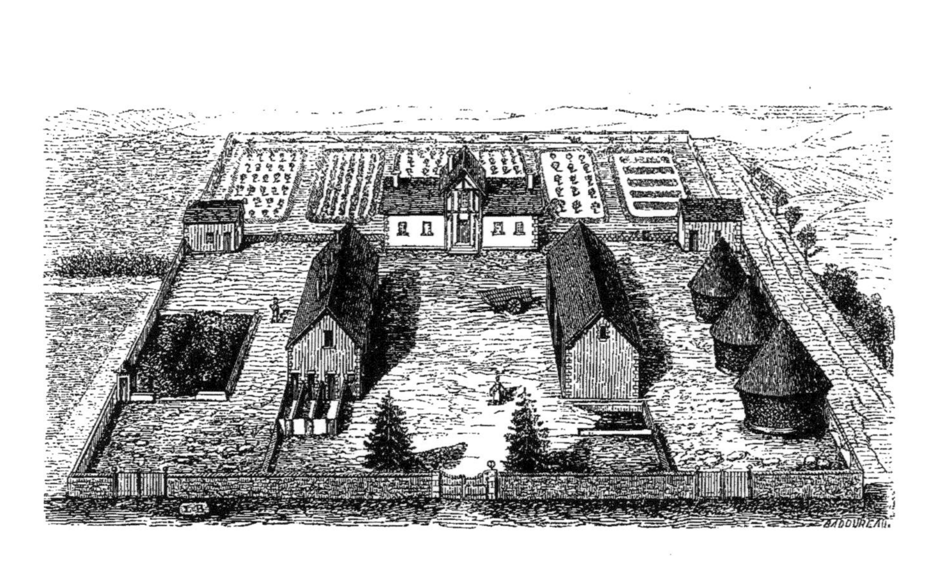

Fig. 1.

Petite exploitation.

MAISONS D'HABITATION.

CONDITIONS GÉNÉRALES D'ÉTABLISSEMENT.

Avant d'examiner les dispositions diverses qu'il convient de donner aux habitations à l'usage des habitants de la campagne suivant l'importance plus ou moins grande des exploitations agricoles, nous dirons quelques mots des conditions que réclame leur construction et qui sont communes à leurs différentes destinations.

Salubrité. — Rendre salubre une maison d'habitation est la principale préoccupation qui doit guider dans sa construction; toutes les autres doivent céder à celle-ci d'une manière absolue. Disons de suite que tout ce qui concourt à la propreté du local en augmente, par cela même, la salubrité.

Indépendamment de l'emploi des matériaux qui garantissent une construction contre l'humidité et le froid, comme des murs épais en pierres non hygrométriques cimentées avec des mortiers hydrauliques, des fondations assainies à l'aide de tuyaux de drainage circulant à l'entour, une couverture solide ne laissant pénétrer ni la pluie ni le vent; indépendamment de ces précautions que tout constructeur devra prendre dans l'intérêt de la solidité d'un édifice, les principales conditions de salubrité d'une habitation dépendent de son exposition et de son élévation au-dessus du sol (1).

Exposition. — L'exposition la plus convenable est celle du midi; c'est-à-dire que c'est de ce côté que doivent être ménagées les principales portes et fenêtres : l'influence des rayons solaires reçus par les chambres habitées empêche les brusques variations de température, sources d'accidents pour la santé de l'homme.

Si l'on ne peut exposer son bâtiment au midi, nous croyons, quoi qu'on en ait dit, que l'exposition à préférer alors est celle de l'est, c'est-à-dire celle où le bâtiment reçoit les rayons du soleil levant. L'exposition nord est beaucoup trop froide; celle de l'ouest, réputée la plus insalubre de toutes, donne généralement trop de prise au vent qui souffle le plus longtemps dans la majeure partie de la France.

Il existe cependant quelques circonstances spéciales où l'exclusion de ces deux expositions ne peut avoir lieu : c'est lorsque l'inclinaison du sol s'oppose au choix de deux autres, lorsqu'une pièce d'eau, une rivière, un chemin public viennent également y mettre obstacle. Des fenêtres doivent alors être ménagées sur les faces de la construction qui recevront les rayons du soleil.

Il sera toujours prudent de choisir une exposition se rapprochant, autant que possible, du sud-est ou du sud-ouest.

Élévation au-dessus du sol. — Le plancher inférieur de l'habitation doit se trouver au moins à $0^m,50$ au-dessus du sol environnant. Les Anglais ont une habitude qu'on ne saurait trop recommander; ils utilisent les déblais formant les fondations pour élever le pourtour de l'habitation de manière à former une espèce de trottoir avec talus de $0^m,25$ environ de hauteur, et surélèvent encore de $0^m,50$ le sol

(1) *Emplacement.* — Nous n'avons point parlé ici de l'emplacement; ce sujet sera traité dans un chapitre spécial, consacré à la réunion des divers bâtiments qui sont nécessaires à une exploitation. (*Voir* 2e Partie.)

de la maison. Si la masse de déblais le permettait, on pourrait exhausser toute la cour, ce qui faciliterait l'écoulement des eaux de toute nature.

Toutes les fois qu'il sera possible d'élever le bâtiment sur caves, pourvu qu'on ait soin d'aérer convenablement ces caves par des soupiraux ouverts dans différentes directions, ou même par une cheminée dont le tuyau viendra se placer à côté de celui de la cuisine, la salubrité de la maison en sera augmentée. Une très-bonne disposition consiste à avoir un étage demi-souterrain, que l'on emploie comme cellier, laiterie, bûcher, etc., et qui permet d'élever de 1 mètre à 1m,50 le niveau inférieur du rez-de-chaussée : les planchers de ces caves peuvent alors être établis en charpente, au lieu d'être voûtés ; malheureusement l'humidité du terrain empêche souvent d'y creuser des caves.

Pavage. — Le sol doit toujours être pavé en carreaux de terre cuite, de grès, ou en dalles de pierres dures ; il serait préférable qu'il fût planchéié en bois. Il est inutile d'énumérer les inconvénients des aires en terre battue, telles qu'on en trouve encore trop souvent dans les habitations rurales actuelles.

La meilleure manière d'établir le pavage d'une habitation est de le faire reposer sur une couche de 0m,30 d'épaisseur, en mâchefer, en pierres dures ou silex concassés ; il serait utile de placer, dessous, des lignes de tuyaux de drainage.

Plafonds. — Il est bon d'établir des plafonds, toutes les fois que cela ne sera pas trop coûteux : on les blanchira de temps en temps avec du lait de chaux.

La hauteur du plancher supérieur, au-dessus du sol de l'habitation, peut varier suivant la dimension des pièces dont elle se compose ; elle ne doit pas être au-dessous de 3 mètres, mesure prise sous les solives.

Palier extérieur. — Puisque l'habitation doit être élevée au-dessus du sol environnant, il faut, pour y arriver, un escalier extérieur avec palier en forme de perron : nous en avons fait établir plusieurs qui se composent d'une dalle en pierre dure de 0m,80 de large sur

$1^m,20$ de longueur, au devant de laquelle se trouvent trois ou quatre marches de même largeur; les côtés étant remplis avec des pierrailles en forme de talus.

Portes et fenêtres. — Les ouvertures devront donner un accès suffisant à l'air et à la lumière; il vaut mieux les faire un peu plus grandes et en diminuer le nombre, non-seulement pour la raison que nous venons de donner, mais encore à cause des droits de contributions qui frappent les ouvertures non en raison de leur grandeur, mais d'après leur quantité.

Les fenêtres doivent avoir au moins $0^m,80$ de large sur $1^m,20$ de hauteur et s'ouvrir à $0^m,60$ ou $0^m,80$ au-dessus du pavage des pièces; celles situées au rez-de-chaussée seront munies de volets intérieurs ou extérieurs : nous croyons qu'il serait bon d'armer de barreaux de fer celles qui s'ouvrent derrière l'habitation, et qui ne se trouvent point sous les yeux des personnes qui travaillent dans la cour ou les autres bâtiments.

Les portes intérieures auront pour dimension de $0^m,70$ à $0^m,90$ de large sur 2 mètres de haut; celles qui donnent au dehors pourront avoir la même hauteur avec une largeur de $0^m,80$ à $0^m,90$.

Si l'on établit un petit vestibule, ainsi que nous le recommandons plus loin, il sera nécessaire que la porte de la cuisine qui donne dans ce vestibule soit à jour et vitrée, afin de faciliter la surveillance des entrées et des sorties; la porte extérieure du vestibule sera soit une porte vitrée avec un volet pour la nuit, soit une porte pleine; on pourrait encore y placer une porte coupée en deux parties dans sa hauteur, et dont le bas, toujours fermé, oppose un obstacle à l'entrée des volailles, des chiens et des moutons, qui essayent souvent de pénétrer dans l'habitation.

Auvents. — Dans les pays où les pluies sont assez fréquentes, on établit, au-dessus de chaque fenêtre ou porte extérieure, un petit auvent en bois que l'on peut couvrir en ardoises ou en métal. Cet auvent, s'il ôte un peu de jour à l'intérieur, a pour effet de contribuer à la conservation des portes et croisées; il peut aussi servir à la décoration extérieure de l'habitation : au-dessus de la porte d'entrée on dispose alors un abri de dimensions plus grandes, à une ou à deux pentes. Comme cette porte reste souvent ouverte, l'auvent empêche l'introduction de l'eau de pluie dans la maison.

Distribution et convenance.—La distribution d'une habitation rurale doit être la plus simple possible; les emplacements obscurs, les petits cabinets, les coins et recoins, tout ce qui demande de grands soins journaliers doit être évité. Chaque espèce de construction sera bornée au nombre de pièces strictement nécessaires à la famille qui l'occupera; mais ces pièces devront être suffisamment grandes, éclairées et établies de manière à ce que le nettoyage y soit facile. Nous avons déjà dit que le sol doit être carrelé ou planchéié; les murs seront recouverts de bon enduit et des plinthes établies à l'entour pour éviter les dégradations que cause au bas des murs le choc du balai; les enduits seront tenus propres à l'aide de couches de peinture à l'huile ou au lait de chaux; dans les étages supérieurs comme dans les habitations d'un degré plus élevé, des papiers peints seront appliqués sur les murs; des tablettes mobiles en bois seront fixées sur des supports ou tasseaux partout où cela sera nécessaire; enfin l'écoulement des eaux ménagères au dehors sera assuré par des tuyaux convenablement disposés.

Une recommandation générale peut être ici faite : c'est que, quelle que soit la grandeur de la maison, toutes les pièces intérieures qui se communiquent aient accès par une seule porte d'entrée, de manière à pouvoir être fermées sous la même clef; il n'est pas besoin d'insister sur les avantages de sécurité qui en résultent (1).

(1) *Aux constructeurs.* — Vous avez élevé une maison destinée à loger une famille, vous avez pris toutes les précautions nécessaires pour que cette habitation soit solide, salubre et commode ; tout ce que les connaissances humaines ont pu vous révéler, à ce sujet, a été mis en œuvre par vous ; il vous reste à remplir une formalité que quelques esprits forts taxeront peut-être de faiblesse, ce dont vous ne vous préoccuperez pas. La famille qui habitera cette demeure est destinée à vivre au milieu des champs, en présence de ces phénomènes continuels de la nature qui élèvent la pensée vers son créateur; cette famille a besoin de pratiquer sa religion, non-seulement pour elle-même, mais encore pour les serviteurs qui l'entourent, et dont la plupart ont conservé la simplicité primitive. Eh bien, qu'une modeste cérémonie appelle le chef de

DISPOSITIONS PARTICULIÈRES.

Les distributions intérieures varient avec la destination de chaque construction; nous allons les passer en revue en les désignant sous les catégories de maisons pour journaliers et d'habitations pour petite, pour moyenne ou pour grande exploitation.

Dans bien des circonstances, la disposition d'une de ces catégories pourra être prise pour celle d'une des divisions voisines. Où commence, en effet, la moyenne ou la grande exploitation? Ces dénominations ne sont-elles pas variables suivant les pays divers? Nous ne les avons prises que pour établir un ordre et fixer les idées.

HABITATIONS DE JOURNALIERS.

De toutes les habitations rurales, celle qui est destinée à un journalier est la plus simple dans sa disposition; elle doit réunir les conditions de salubrité dont nous avons déjà parlé et dont nous répéterons les principales : l'élévation au-dessus du sol environnant d'au moins $0^m,50$, autant que possible l'exposition au midi, une hauteur sous plancher de 3 mètres.

La distribution intérieure ne comportera pas un grand nombre de pièces; le journalier n'a besoin que d'une chambre pour sa fa-

la paroisse à bénir vos constructions, qu'un simple repas, dont il sera l'hôte, réunisse votre famille, celle qui doit occuper l'habitation, les ouvriers employés à l'élever, ceux qui y seront occupés; et vous pourrez entendre dire à quelques *bonnes gens* que cela vous *portera bonheur*. (Considérations morales sur les habitations de l'homme. *Inédit.*)

Fig. 2.

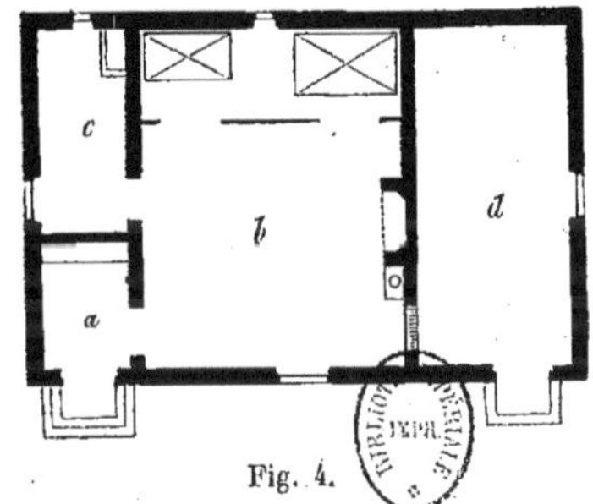

Fig. 4.

Fig. 3.

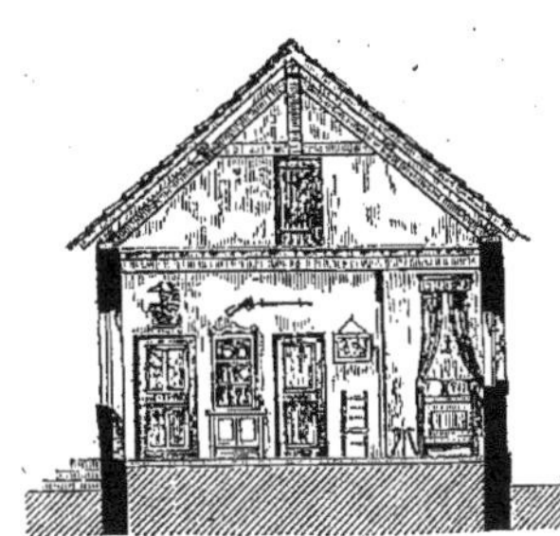

Fig. 5.

Constructions rurales. — Habitations.

5 mètres.
0 1 2 3 4 5

mille, dans laquelle la ménagère puisse préparer ses aliments; d'une petite pièce servant de laverie pour la vaisselle et de dépôt pour les vivres en réserve; enfin, d'un abri fermé pour la provision de bois et de vin ou de cidre. D'après ces bases, nous avons établi la petite maison représentée dans la pl. 2 : elle se compose d'un bâtiment rectangulaire de 11 mètres de long sur 7 de large. Voici quelle est la disposition de son plan (fig. 4).

Une entrée ou vestibule *a* ($1^m,50 \times 2^m$) sert à empêcher le vent et le froid de pénétrer dans la pièce principale; au fond se trouvent une armoire ou des rayons destinés à recevoir les menus outils du journalier. La pièce principale *b* ($5^m \times 6$) est coupée en deux parties par une alcôve ($1^m,60 \times 5^m$) en menuiserie, dans laquelle prennent place le lit du journalier et celui d'un ou deux jeunes enfants; le surplus de la pièce sert de cuisine et de salle à manger; un petit fourneau est placé auprès de la cheminée. A côté de cette pièce se trouve un cabinet *c* ($1^m,50 \times 4^m$), avec évier, servant de laverie et de garde-manger; rien ne concourt plus à la propreté de l'habitation qu'un local séparé pour le dépôt des ustensiles et des provisions du ménage. La pièce *d* ($3^m \times 6$), à usage de bûcher et de cellier, pouvant avoir une communication avec la pièce principale (ainsi que l'indique le plan), est pourvue d'une entrée extérieure qui permet d'y ramasser les objets qu'elle doit contenir. Sur le tout règne un grenier auquel on communique, à l'aide d'une échelle, soit extérieurement par une porte pratiquée dans le pignon, soit par une trappe dans le vestibule *a*. Toutes les pièces sont pavées en carreaux de terre cuite.

Les fig. 2 et 3 sont les élévations longitudinale et latérale du plan représenté par la fig. 4, et la fig. 5 une coupe transversale de cette petite maison qui nous semble réunir toutes les conditions nécessaires à l'habitation d'un ouvrier de la campagne.

Construite en moellons avec pierre de taille pour les encoignures et les baies de portes et de fenêtres, couverte en tuiles avec saillie du toit de $0^m,40$ aussi bien sur les pignons que sur les façades, cette simple maison prendra, de la régularité de sa construction, un aspect qui ne sera pas sans quelque élégance.

On sait combien il serait facile d'en modifier et d'en orner l'apparence par le mélange de la brique à la pierre de taille, aussi bien dans les encoignures que dans les baies de portes et de fenêtres. Nous ne parlerons pas non plus de l'addition de chaînes formées des mêmes matériaux qui, suivant le goût de leur disposition, pourraient faire de cette modeste demeure un objet digne d'orner un parc ou une propriété d'agrément.

— La petite maison représentée dans la pl. 3 a la même destination que la précédente (1). La disposition extérieure varie en ce que l'entrée principale se trouve dans le pignon. Elle se compose d'un bâtiment carré dont le côté est de 7 mètres et d'un petit appentis de 3 mètres de largeur sur 6 mètres de long, ainsi que le montre le plan (fig. 8). Des cloisons légères divisent le bâtiment carré en quatre compartiments : l'un, *a* ($1^m,50 \times 1^m,50$), sert de vestibule pour remplir le but dont nous avons parlé; le second, *b* ($6^m \times 4^m$), est la chambre d'habitation; le lit s'y trouve placé comme dans une sorte de grande alcôve formée par le vestibule, alcôve qui pourrait, du reste, être fermée, si on le jugeait à propos; le vestibule communique avec le troisième compartiment *c* ($2^m \times 1^m,50$), qui est une laverie avec pierre d'évier; elle sert de passage pour la quatrième partie *d* ($2^m \times 4^m$), destinée à l'usage de cellier ou de cabinet pour placer un lit d'enfant. L'appentis, situé à la partie postérieure du bâtiment carré, renferme un petit bûcher *e* ($2^m,50 \times 2^m,50$) avec entrée extérieure, et l'emplacement *f* du four ouvrant dans la cheminée de la chambre principale *b*. — Ce four est nécessaire toutes les fois que l'habitation du journalier est éloignée d'une ville ou d'un bourg où il puisse se procurer du pain; nous reviendrons sur son utilité et sur sa position dans la maison en parlant de l'habitation du fermier d'une petite exploitation. (Voir l'explication des pl. 8 et 9.)

(1) Une construction analogue a été faite par M. de Béhague, l'un de nos habiles éleveurs d'animaux domestiques, dans sa propriété de Dampierre-sur-Loiret; nous en avons toutefois modifié la disposition intérieure, principalement par l'addition du vestibule *a* et de la laverie *c*.

Fig. 6.

Fig. 9.

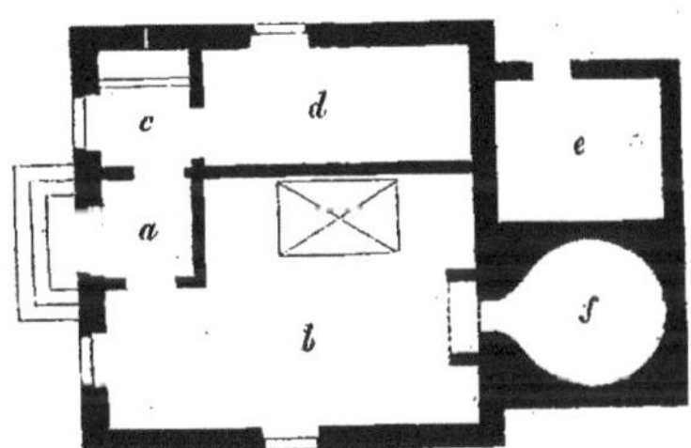

Fig. 8.

Fig. 7.

5 mètres.
0 1 2 3 4 5

Fig. 10.

Fig. 13.

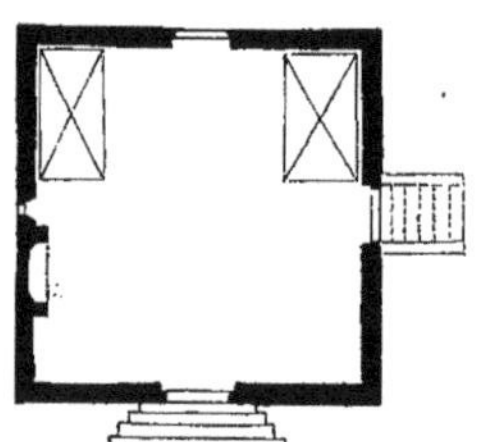
Fig. 12.

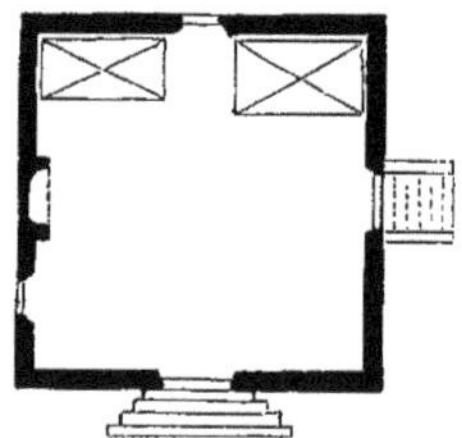
Fig. 15.

Fig. 11.

Fig. 14.

5 mètres.
0 1 2 3 4 5

Un grenier règne sur toute la partie carrée du bâtiment; on y parvient, à l'aide d'une échelle, soit par une entrée extérieure au-dessus de la porte de la maison, soit par une trappe s'ouvrant dans le vestibule.

Les conditions de salubrité et le mode de construction sont les mêmes que pour l'habitation représentée dans la pl. 2.

La fig. 6 de la pl. 3 est l'élévation de la face principale; la fig. 7, celle de la face latérale et de l'appentis. La fig. 9 représente une coupe transversale suivant une ligne parallèle à la face principale. Enfin le plan est représenté dans la fig. 8.

— Les deux habitations représentées par les pl. 2 et 3 pourraient servir de types aux constructions ayant pour but le logement d'un journalier; elles comportent tout ce qui lui est nécessaire et lui procureraient un intérieur *confortable* qu'il est malheureusement rare de rencontrer dans la plupart des cabanes qui servent à nos ouvriers de la campagne et qu'il serait bien désirable de leur assurer. — Celles que nous allons décrire maintenant, et qui ont la même destination, ont été établies dans des conditions particulières qui peuvent cependant se rencontrer fréquemment.

— Les quatre pavillons représentés dans les pl. 4 et 5 diffèrent fort peu l'un de l'autre (1). Le plan de chacun d'eux est un carré de 6 mètres de côté extérieurement. L'habitation proprement dite ne comporte qu'une seule pièce au rez-de-chaussée; mais le rez-de-chaussée est élevé de $0^{m},80$ au-dessus du sol, et cet exhaussement est produit par la partie supérieure d'une pièce en partie souterraine. On voit de suite qu'il n'est pas possible d'établir une pareille construction dans tous les terrains; il faut, pour cela, que le sol soit sec à une assez grande profondeur afin que l'eau ne vienne pas remplir la cave de l'habitation.

Cette cave est divisée en deux parties, l'une à l'usage de bûcher et de cellier, l'autre renfermant un four dont le tuyau de cheminée

(1) Trois de ces pavillons ont été bâtis par l'un de nos voisins, M. le comte Langlois d'Amilly, dans sa propriété de Saint-Aignan-sur-Erre (Orne).

vient se placer à côté de celui de la pièce située au-dessus et ne former avec celui-ci qu'un seul corps à deux compartiments.

L'accès de la partie souterraine a lieu par un escalier exposé à l'air libre, situé sur le côté, et dont la position est indiquée dans les plans (fig. 12, 15, 18 et 21) par des lignes ponctuées; cet escalier a l'inconvénient de rejeter dans la cave la portion d'eau de pluie qui tombe sur les marches; néanmoins, comme leur surface n'est pas considérable, si le sous-sol est perméable, cet inconvénient est peu grave et ne peut faire compensation avec l'économie de couverture (1) résultant de la superposition des deux pièces l'une au-dessus de l'autre.

Le plancher qui sépare la cave de la pièce d'habitation est établi solidement en bois de chêne; l'emploi de ce bois est nécessité par la position du plancher non loin du sol; sa conservation, du reste, est assurée par les courants d'air qu'entretiennent les soupiraux ouverts sur les quatre faces de la cave et servant, à la fois, à l'assainissement et à l'éclairage de celle-ci.

On entre dans la pièce d'habitation, élevée au-dessus du sol ainsi que nous l'avons dit, et dont les dimensions sont de 5 mètres en tous sens, par un escalier extérieur de six larges marches en pierre; cet accès direct laisse le froid pénétrer dans la maison; mais il serait facile d'y remédier par l'emploi d'un *tambour* en bois, analogue à ceux employés dans les boutiques de Paris et dont la porte se trouverait à gauche ou à droite de l'entrée principale. Lorsqu'un pareil tambour existe, les deux portes ne sont ouvertes que l'une après l'autre et l'air extérieur n'entre que par quantités insignifiantes. Ces tambours ont encore un autre avantage; ils forment une espèce de petit vestibule dont la dimension peut n'être que de 1 mètre carré, mais qui suffit, toutefois, pour que l'homme arrivant du dehors, mouillé ou crotté, puisse y secouer ses habits et se débarrasser d'ordures qui ne vont point souiller sa demeure. L'établissement d'un pareil

(1) Cette économie est considérable dans certaines localités dépourvues de combustible pour la cuisson de la tuile et éloignées des lieux où l'on trouve les matériaux employés pour les autres modes de couverture.

Fig. 16.

Fig. 19.

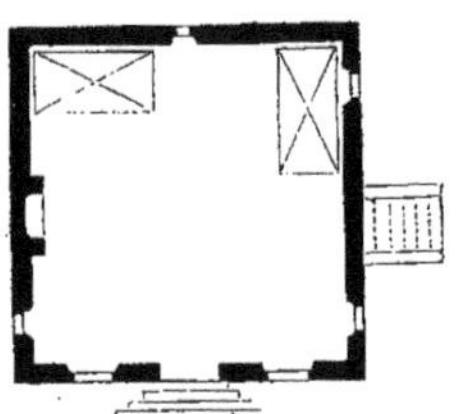
Fig. 18.

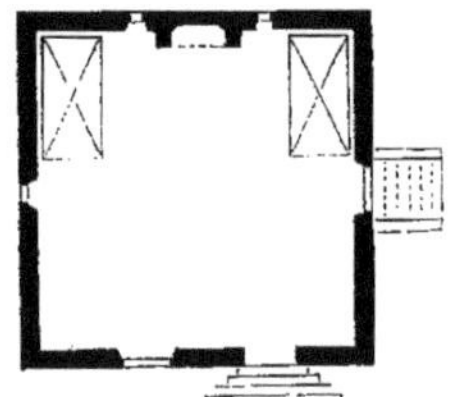
Fig. 21.

Fig. 17.

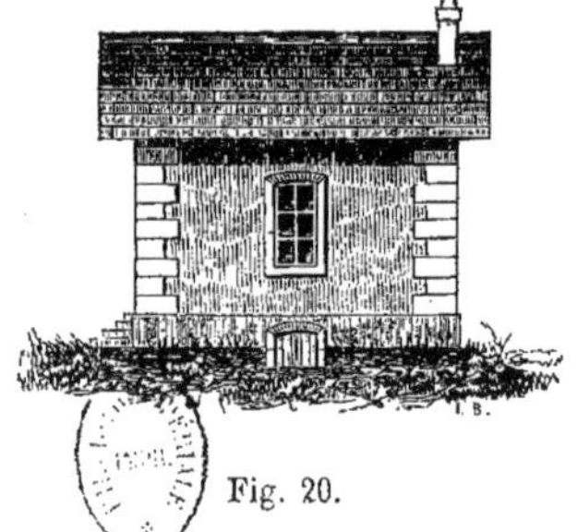
Fig. 20.

5 mètres.
0 1 2 3 4 5

tambour est donc un bon moyen de concourir à la propreté de l'habitation; on ne saurait trop répéter que la propreté est une des grandes conditions de la santé humaine.

Le plancher supérieur est établi en bois de sapin fort léger; des solives de 6 mètres de long et ayant 0m,20 de hauteur sur 0m,10 de largeur le composent; ce plancher ne supporte à peu près que son propre poids. Le petit grenier qui est au-dessus ne peut contenir que de très-petits objets à cause de son peu d'élévation; on y arrive, à l'aide d'échelle, soit par une trappe située dans l'intérieur de la maison, soit par une petite ouverture pratiquée dans l'un des pignons.

Ces quatre pavillons sont abrités par une couverture en ardoise : elle est portée par cinq solives légères en sapin analogues à celles qui forment le plancher supérieur de l'habitation; ces solives servent d'appui aux chevrons sur lesquels est clouée la volige; toutefois la saillie extérieure, qui est de 0m,60, est soutenue, aux deux pignons, par des barres de fer plates. Rien n'empêcherait que ces barres de fer fussent remplacées par les prolongements des pannes soutenant les chevrons.

Nous avons dit que ces quatre pavillons ne différaient que très-peu entre eux; l'examen des figures qui composent les planches 4 et 5 suffit pour s'en assurer. Il est nécessaire, toutefois, d'ajouter quelques mots pour décrire les variétés que ces petits bâtiments présentent dans leur construction : outre leur destination spéciale, ils devaient contribuer à l'embellissement d'un parc.

Le premier pavillon, dont la fig. 10 représente l'élévation principale du côté de l'entrée, la fig. 11 l'élévation latérale, et la fig. 12 le plan, est simplement bâti en moellons et en pierre de taille aux ouvertures et aux quatre encoignures, indépendamment de deux chaînes horizontales aussi en pierre de taille régnant au pourtour. La forme des portes et fenêtres est rectangulaire.

Dans le deuxième pavillon (élévation principale fig. 13, élévation latérale fig. 14, plan fig. 15), on a supprimé la chaîne supérieure en pierre de taille; celle du bas repose sur un petit soubassement en rocailles colorées; enfin la partie supérieure de la porte d'entrée et des fenêtres est arrondie et construite en briques reposant sur deux petits piliers en pierre.

Le troisième pavillon (pl. 5, élévation principale fig. 16, élévation latérale fig. 17, plan fig. 18) repose sur un soubassement tout entier construit en pierres meulières ou grosses rocailles; les quatre encoignures seules sont en pierre de taille. L'intérieur est éclairé par deux fenêtres, dont la partie supérieure est construite en briques, de même que celle de la porte d'entrée. Deux œils-de-bœuf, ouverts sur le côté, sont également entourés de briques. Dans ces trois pavillons, la cheminée se trouve sur le côté de la pièce principale et, par suite, sur le côté du toit.

L'inspection de la fig. 19, qui est l'élévation de face du quatrième pavillon, celle de son élévation latérale, fig. 20, et celle de son plan, fig. 21, font voir que la cheminée se trouve au milieu et au fond de la pièce, disposition peut-être un peu plus favorable à son chauffage, à cause de l'éloignement de la porte d'entrée. La construction est, du reste, analogue à celle du précédent, avec cette différence qu'on a laissé apparentes les pierres de taille qui forment les encoignures et qu'elles sont disposées en rangs de deux grandeurs différentes.

— L'habitation du journalier représentée dans la pl. 6 diffère des précédentes par toutes ses dispositions; formée d'un bâtiment rectangulaire de 10 mètres de long sur 5 de large, elle se compose (plan fig. 24) d'une première pièce *a*, avec porte d'entrée pratiquée dans le pignon. Cette pièce *a*, dont les dimensions sont de 3 et de 4 mètres, est chauffée par un poêle; elle peut servir de lieu de travail à l'ouvrier ou à sa femme, si l'un ou l'autre a besoin d'un emplacement spécial pour son industrie. A côté se trouve un cabinet vitré *b* ($2^m,504 \times 4^m$), qui contient le lit et sert de passage de communication entre la pièce *a* et la cuisine *c*. Celle-ci, dont les dimensions sont de $3^m,50$ sur 3 mètres, est accompagnée d'une pièce *d* ($3,50 \times 1,50$) servant de laverie et de garde-manger. La cuisine a une porte extérieure et un petit escalier de communication avec le grenier, où se trouve un cabinet pouvant loger les enfants du journalier.

Fig. 22.

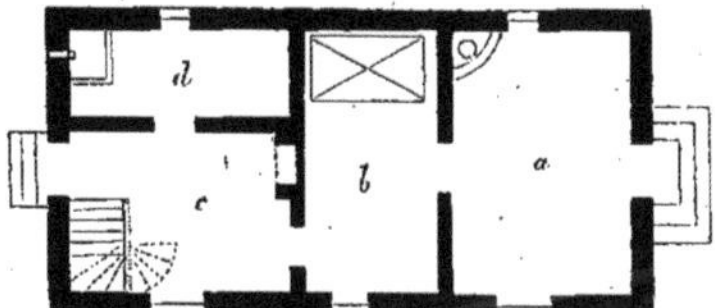

Fig. 24.

Fig. 23.

5 mètres.
0 1 2 3 4 5

Fig. 25.

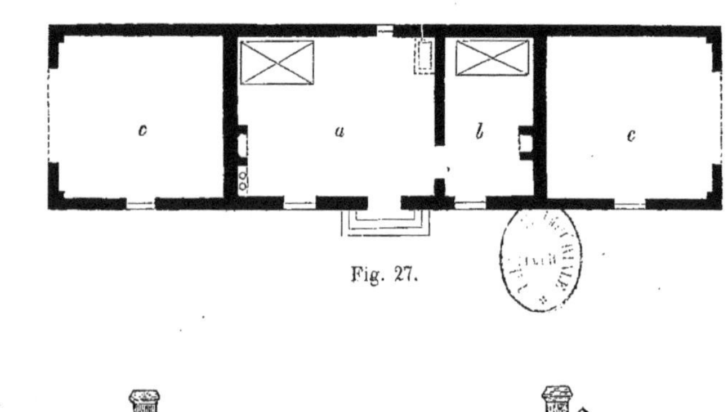

Fig. 27.

Fig. 26.

Fig. 28.

5 mètres.
0 1 2 3 4 5

Cette maison, dont le plancher est élevé de $0^m,50$ au-dessus du sol environnant, est construite en moellons; les encoignures sont formées, alternativement, d'une pierre de taille et d'un petit massif en briques superposées d'une épaisseur égale à celle de la pierre de taille. Les ouvertures des fenêtres et portes sont fermées par un rang de briques disposées horizontalement (1).

Le peu de largeur que comporte cette construction peut dispenser de l'emploi de fermes dans la charpente; de petits poteaux, verticalement posés sur les cloisons, suffiront à soutenir le faîte et les deux filières qui supportent la couverture en tuiles.

La fig. 22 représente l'élévation longitudinale qui est exposée au sud; la fig. 24 en est le plan. Dans l'élévation du côté du pignon (fig. 23), où se trouve la porte d'entrée, on aperçoit la fenêtre destinée à éclairer la chambre d'enfants que nous avons indiquée dans le grenier, au-dessus de la pièce *a*.

La disposition de cette habitation ne peut être recommandée que si l'un des membres de la famille à laquelle elle est destinée exerce un état qui exige un emplacement spécial; elle convient très-bien à un tisserand, à un garde, à un portier, auxquels il faut une pièce pour un métier ou pour recevoir des étrangers, et d'où, par conséquent, il est plus convenable d'exclure le lit du ménage.

— Nous indiquerons, encore, comme pouvant remplir le même but, la disposition des maisons de gardiens de nos chemins de fer, qui ont été construites, sur des plans analogues à celui de la pl. 6, le long des différentes lignes parcourues par eux.

— Nous terminerons par la description de la pl. 7 ce qui a rapport aux maisons destinées à des journaliers. La construction (2) qu'elle représente se compose d'une partie rectangulaire de 9 mètres de long sur 5 de large, construite en moellons, et de deux annexes en colombages faisant suite avec elle.

(1) Une maison semblable sert de logement au garde-portier du parc du Gros-Bois (Seine-et-Oise), appartenant au prince Berthier de Wagram.

(2) Élevée près Boissy-Saint-Léger (Seine-et-Oise).

La première partie, élevée de $0^m,50$ au-dessus du sol, est divisée en deux chambres (fig. 27). L'une *a*, de 5 mètres sur 4 mètres, est la chambre principale; elle contient une cheminée, avec fourneau à côté, une pierre d'évier et le lit du journalier. L'accès de l'intérieur est direct, ce que nous regardons comme un inconvénient; on y remédierait par le moyen signalé dans la description des pl. 4 et 5. Une alcôve pourrait aussi enclaver le lit pour plus de convenance. Une petite pièce *b* pouvant contenir un lit, et chauffée par une petite cheminée, est à côté de la première; au-dessous est un caveau fermé par une trappe, et dans lequel on descend par une échelle.

A chaque extrémité de cette construction ont été ajoutés deux hangars s'ouvrant sur les pignons; chacun de ces deux hangars, construit en colombages et éclairé par une fenêtre munie de volets, est destiné à abriter des provisions assez considérables que l'ouvrier de la campagne est obligé de faire en certaines localités, telles que du lin, du chanvre, pour l'occupation de sa famille pendant l'hiver; du bois de travail, si lui-même est vannier ou charron, et s'il veut travailler chez lui lorsqu'il n'est pas occupé au dehors. L'un de ces hangars est fermé par une grande porte à deux battants pour servir de magasin; l'autre peut rester ouvert pour être plus spécialemen employé comme atelier.

Nous avons vu peu de dispositions aussi convenables pour un ouvrier qui s'occuperait chez lui du travail de son état.

La fig. 25 est l'élévation longitudinale, la fig. 27 le plan; celle 26 est l'élévation du pignon où se trouve le hangar fermé; l'autre extrémité n'en diffère que par la suppression de la porte; enfin la fig. 28 est une coupe transversale suivant une ligne passant au milieu de la construction et perpendiculairement à sa façade. Cette coupe laisse voir la disposition de l'intérieur de la pièce principale, du fourneau, de la cheminée et du lit.

— Pour compléter ce qui vient d'être dit sur les habitations des journaliers, nous indiquerons comme constructions remplissant le même but celles décrites ci-après pour l'usage des petits cultivateurs, et notamment celles représentées dans les planches 8, 9, 10, 11, 12 et 13. Il en est de même parmi celles indiquées sous le nom de *petits domaines*, et dont on trouvera des exemples dans la seconde partie de notre travail. Nous y avons aussi traité des habitations pour les ouvriers attachés à une exploitation rurale.

Annexes. — Il serait à désirer que chaque habitation rurale fût pourvue d'un cabinet d'aisances : il n'est pas besoin d'en faire ressortir l'utilité. Si les frais que comporte la construction de ce cabinet avec les précautions nécessaires pour la salubrité empêchent de le joindre à la maison d'habitation, il faudra l'établir à une certaine distance de cette dernière sur un emplacement spécial.

Nous parlerons plus loin de la construction des latrines à la campagne.

On y joindra un petit réduit pour déposer les ordures, les poussières, les déchets de légumes destinés à être transformés en fumier, et pour abriter même quelques volailles. Un puits sera souvent un complément indispensable.

HABITATIONS POUR UNE PETITE EXPLOITATION.

L'habitation du petit cultivateur diffère peu de celle destinée à un journalier ; cependant elle doit contenir, de plus que celle-ci, quelques petits locaux destinés aux produits agricoles, qu'il est bon que l'exploitant ait auprès de lui ; tels sont la laiterie et le grenier à grain, qui n'ont pas encore une importance suffisante pour occuper des bâtiments distincts.

Le petit propriétaire ou le petit fermier peut employer dans sa culture et, par conséquent, garder auprès de lui une plus grande partie de sa famille; il est donc nécessaire que sa maison puisse la contenir.

Il devient plus difficile de présenter une habitation pouvant servir de type; toutefois, comme on peut rejeter dans les autres bâtiments de la ferme les locaux à usage spécial et variables avec le mode d'exploitation, nous essayerons d'indiquer une construction pouvant servir à la majeure partie de nos petits fermiers. Nous voulons parler de la petite maison que nous avons fait construire en 1849 pour notre ferme des Petits-Chênes (1). Nous n'avons pas la prétention de donner un modèle, mais un exemple modifiable au gré de chacun. Les détails en sont représentés dans les pl. 8 et 9.

Avec quelques modifications et agrandissements, cette maison ressemble à celle que nous avons décrite dans la pl. 2. Ses dimensions extérieures sont de 13 et de 7 mètres. Le plan des fondations (fig. 31) fait voir qu'elles forment un rectangle coupé en trois parties par deux murs de refend. La fig. 32 est le plan à hauteur du pavage, lequel est élevé de $0^m,50$ au-dessus du niveau de la cour. Un petit carré ou vestibule A, auquel on arrive par un palier surmontant trois marches, est destiné, comme nous l'avons dit, à assurer la propreté de la pièce principale et à la protéger du froid; il donne accès, d'un côté, à cette pièce, et, de l'autre, à un escalier conduisant au grenier. La pièce principale B (*maison manable*), de 6 mètres en tous sens, renferme deux lits qui peuvent être isolés à l'aide d'une cloison en planches légères formant alcôve. Dans la cheminée s'ouvre un four F, sous lequel est une étuve ou séchoir. Cette disposition a été blâmée à cause du danger d'incendie qui pourrait résulter de la présence d'un four dans une maison d'habitation; mais, s'il n'en était pas ainsi, il faudrait un bâtiment spécial pour le fournil, et cette dépense n'est pas sans importance dans une petite exploitation : c'est donc d'abord une raison d'économie. Il faut remarquer, en outre, que le four situé dans la maison est constamment sous les yeux de la ménagère, que ses alentours sont tenus plus propres que lorsqu'il est dans un bâtiment éloigné,

(1) Département de l'Orne (commune de Saint-Hilaire-sur-Erre).

Fig. 29.

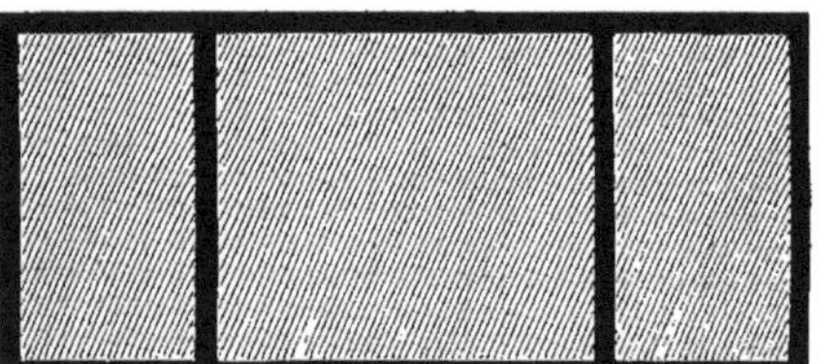

Fig. 31.

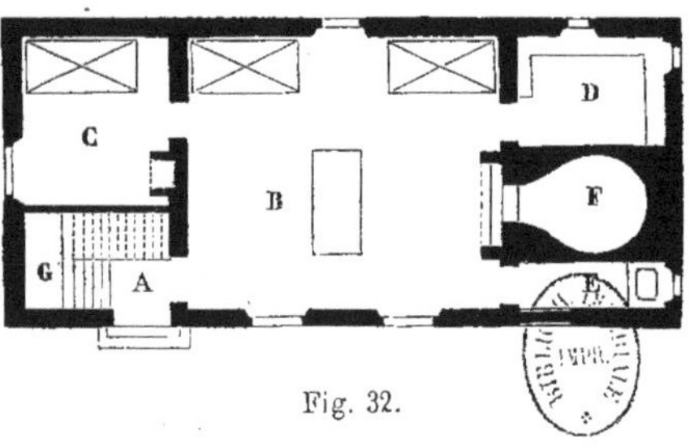

Fig. 32.

5 mètres.

Fig. 36.

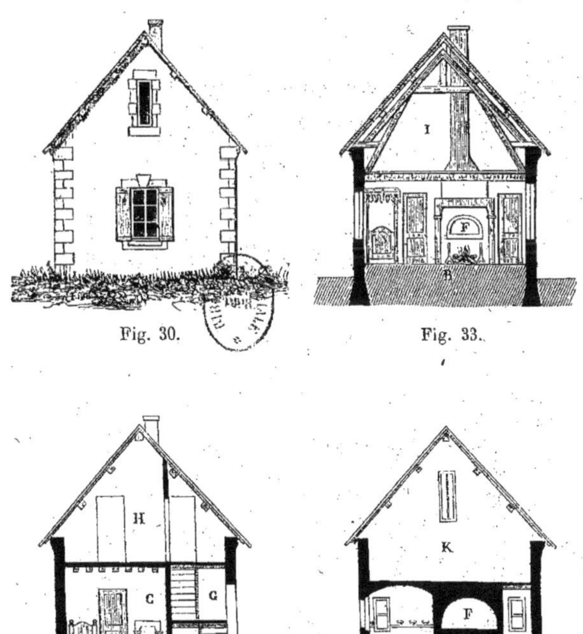

Fig. 30. Fig. 33.

Fig. 34. Fig. 35.

5 mètres.
0 1 2 3 4 5

et qu'ainsi il présente moins de danger pour la communication de l'incendie; c'est donc encore une raison de sécurité.

A côté de la pièce principale se trouve une petite chambre C, de 2m,80 sur 3m,50, contenant un ou même deux lits pour les enfants du fermier et pouvant servir en cas de maladie; aussi cette chambre, éclairée par une fenêtre au pignon, est-elle chauffée par une petite cheminée ou un poêle.

A droite du four est une laverie E, de 2 mètres sur 1 mètre, avec pierre d'évier. Rien de plus nécessaire que ce petit réduit; là se concentrent une partie des travaux de la cuisine, là se rangent les ustensiles qu'elle réclame; là se font tous les lavages qui rendent si souvent la chambre d'habitation humide avec la disposition trop fréquemment vicieuse des maisons de nos campagnards.

De l'autre côté du four est une pièce D, servant soit de cabinet pour la garde des provisions, soit de laiterie; il est en contre-bas de 0m,50; ce qui exige trois marches pour y descendre; malgré la proximité du four, dont il est séparé par une maçonnerie de 0m,60 d'épaisseur, ce petit local a pu être utilisé pour une laiterie; deux petites fenêtres l'une au nord, l'autre à l'est, servent suffisamment à le rafraîchir pendant l'été. Il est voûté, comme on peut le voir dans la coupe, fig. 35; deux rangs de tablettes en pierre scellées dans le mur sont destinés à supporter les vases de la laiterie.

L'escalier G est composé de deux échelles de meunier avec un palier au milieu. Le grenier auquel il conduit est divisé en trois parties. La première, H (fig. 36), est un grenier à blé; ses dimensions (3 mètres sur 4 mètres) suffisent pour le blé mis en réserve dans une petite exploitation. S'il en était besoin, cet emplacement pourrait servir de chambre supplémentaire; il est éclairé par une fenêtre au pignon; la naissance du toit, qui ne commence qu'à 1 mètre au-dessus du sol, y laisse une hauteur convenable; il serait facile d'y établir un tuyau de cheminée à côté de celui qui vient du bas; pour le rendre habitable, il n'y aurait besoin que d'un plafonnage sous le chevron et sous un petit plancher porté par la charpente.

La deuxième partie, I, est le grenier proprement dit; sa surface est de 36 mètres carrés. Le même exhaussement du mur de 1 mètre règne autour.

Enfin la troisième partie, K, située au-dessus du four et de la laiterie, et dont le sol est un peu plus bas que celui du grenier précédent, peut servir à placer les objets qui demandent un emplacement très-sec et même une certaine chaleur pour leur conservation.

Les fig. 29 et 30 représentent les élévations de face et de côté de la construction. Les fig. 33, 34 et 35 sont des coupes transversales faites au milieu de la pièce principale B (fig. 33), à travers la chambre C (fig. 34) et à travers le four, la laiterie et la laverie (fig. 35). La fig. 33 est une coupe longitudinale du bâtiment (1).

C'est en moellons avec pierres de taille pour les ouvertures qu'a été établie cette construction; les deux murs de refend que fait voir le plan des fondations (fig. 31) ont été prolongés en forme de pignons; la charpente a donc été réduite à des éléments assez simples : sur la chambre C, des solives de 3m,80; sur la pièce B, une poutre de 7 mètres de long soutenant deux rangs de solives de 3m,15; sur la laverie E, de petits soliveaux de 1m,30; sur la laiterie et le four qui sont voûtés, point de planchers en charpente. La couverture est supportée par une seule ferme avec jambes de force située au milieu du bâtiment et dont la poutre forme l'entrait; le faîtage et les pannes des deux parties extrêmes reposent sur les pignons et les murs de refend.

La couverture en tuiles ne présente d'autre solution de continuité que celle nécessaire au passage des tuyaux des deux cheminées; elle est, toutefois, percée de six chatières (carneaux) destinées à l'éclairage et à l'aération du grenier.

— Sous une forme un peu plus élégante, la petite maison représen-

(1) Cette habitation a été décrite par nous dans les *Annales de l'agriculture française* en février 1855, peu de temps après sa construction. Les frais d'établissement se sont élevés à environ 2,000 fr., non compris la valeur des bois de charpente recueillis en entier sur l'exploitation.

Fig. 37.

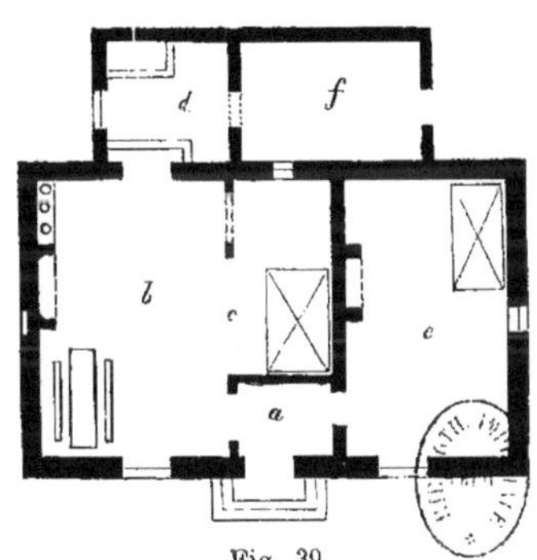

Fig. 39.

Fig. 38.

5 mètres.
0 1 2 3 4 5

tée dans la pl. 10 peut remplir aussi le but que nous nous sommes proposé en faisant construire l'habitation précédemment décrite. Nous en avons dressé le plan d'après une élévation que nous avons remarquée dans nos excursions (1). Ce plan (fig. 39) est composé d'un vestibule *a*, donnant accès d'un côté à une chambre à feu *c* de 5 mètres sur 3 mètres, et de l'autre à la pièce principale *b* servant de cuisine et ayant 20 mètres carrés de superficie. La cloison qui forme le vestibule est utilisée pour une alcôve avec cabinet éclairé par un petit œil-de-bœuf prenant jour au-dessus de l'appentis situé derrière. Dans la pièce *b* sont ménagés, de chaque côté de la cheminée, les emplacements d'un fourneau et de la table à manger. Si l'on voulait y établir un four, rien ne serait plus facile, en formant au pignon un petit appentis auquel on donnerait pour pendant symétrique, à l'autre extrémité, un petit local pouvant servir de bûcher, de poulailler, etc. A côté de la cuisine *b* se trouve une laverie *d*, dont le sol est plus bas d'environ $0^m,30$, et qui contient une pierre d'évier; cette laverie, dans laquelle on descend par deux marches, est en communication avec la laiterie *f*, qui est au même niveau et dans laquelle on peut, à volonté, pénétrer du dehors.

On arrive dans le grenier à l'aide d'une échelle apposée soit extérieurement contre la lucarne, soit intérieurement dans le vestibule *a* par une trappe pratiquée devant cette lucarne même. Cette disposition est moins commode que celle qui résulte de l'établissement d'un escalier à demeure; avec une échelle, le grenier est un lieu de réserve dans lequel on ne pénètre que de temps à autre; il est presque interdit à la ménagère; ici, d'ailleurs, il est peu étendu, à cause des croupes du toit et de sa naissance au niveau du plancher; ce qui ne lui donne point de hauteur.

L'élévation de face (fig. 37) et l'élévation latérale (fig. 38) montrent quel est le mode de construction employé : moellons avec pierres de taille pour les encoignures et les montants des baies; ces

(1) Près la ferme-école du département du Cher, alors exploitée par M. Poisson, et appartenant à M. Combarel, à Aubussay, près Vierzon.

dernières, surmontées d'un plein cintre de briques en saillie de $0^m,05$; couverture en ardoise avec lucarne en bois ; volets peints aux fenêtres. Cette maison, située au bout d'une petite avenue d'arbres, offre, par la variété des couleurs des matériaux employés, un aspect assez pittoresque qui peut la faire servir à la décoration d'un parc ou d'un paysage.

— La maison représentée dans la pl. 11 est construite à peu près comme la précédente ; des moellons avec pierres de taille aux encoignures, au soubassement et au pourtour des baies, composent les murailles, ainsi qu'on en peut juger par l'élévation de face (fig. 40) et par l'élévation latérale (fig. 41). La couverture est en tuiles plates.

Le projet de cette habitation a été dressé pour être présenté comme exemple d'une construction plus économique que la précédente, à laquelle on peut reprocher la forme du toit ; les croupes dans les couvertures ont l'inconvénient de diminuer l'emplacement utilisable, d'être d'un entretien coûteux, et parfois de laisser pénétrer l'eau de la pluie, lorsque les tuiles ou les ardoises ne sont pas en parfait état de conservation ; il en est de même des lucarnes, qu'un constructeur soigneux évitera toujours d'établir sur des bâtiments ruraux, car elles sont peu solides et facilitent les infiltrations humides ; il n'y a qu'un motif d'ornementation qui puisse autoriser l'établissement des lucarnes. Aussi le toit de la maison représentée dans la pl. 11 est-il uni et à deux seules pentes ; il repose sur des pignons en maçonnerie dans lesquels des fenêtres sont ouvertes, et peuvent donner accès au grenier à l'aide d'une échelle, dans le cas où l'on ne jugerait pas à propos d'établir l'escalier intérieur dont nous allons parler un peu plus loin ; toutefois il est préférable et plus commode d'avoir un escalier intérieur ainsi que nous l'avons dit à la page précédente.

Le plan (fig. 42) comporte à peu près la même disposition que celui (fig. 39) de la maison représentée dans la planche précédente (pl. 10), mais cette disposition établie en sens inverse, c'est-à-dire que la pièce principale s'ouvre à droite du vestibule, et non à

Fig. 40.

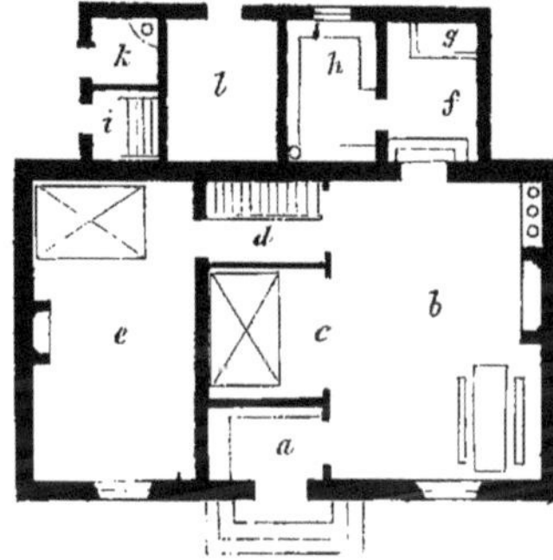

Fig. 42.

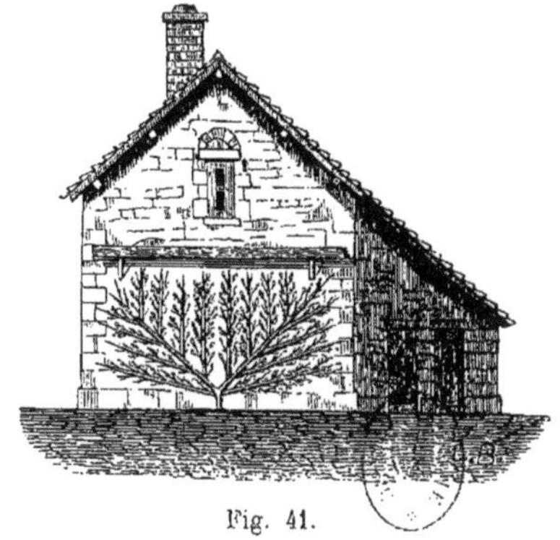

Fig. 41.

Constructions rurales. — Habitations.

5 mètres.
0 1 2 3 4 5

gauche, comme dans la première; de telle sorte que, en supposant la maison ouverte au midi, la pièce principale aurait son pignon tourné à l'est.

Ce plan (fig. 42) se compose ainsi : *a*, vestibule au-dessus d'un palier extérieur, précédé de trois marches. Ce vestibule, formé de cloisons légères, donne accès à la pièce principale *b*, où se trouvent cheminée, fourneau, table de cuisine et une alcôve *c*. A côté de celle-ci, est un passage *d*, où on voit un petit escalier pour l'accès du grenier; cet escalier, en forme d'échelle de meunier, peut être relevé sur le côté pour laisser plus de largeur dans le passage, si on le juge à propos; de fortes charnières appliquées du côté du mur facilitent ce mouvement et permettent de ne mettre l'escalier en place qu'au moment où on doit s'en servir. Le couloir *d* donne accès dans une pièce à feu *e*, contenant un lit, et utilisée soit pour les enfants du cultivateur, soit pour loger temporairement un étranger ou soigner un malade. Cette pièce peut avoir une porte donnant sur le vestibule extérieur pour le cas où on y logerait un étranger à la ferme; mais dans tout autre cas, il est préférable qu'on n'y puisse arriver que par la chambre *b* et le passage *d*.

Au fond de la cuisine *b*, s'ouvre une porte par laquelle on pénètre dans un petit bâtiment construit en appentis, et appuyé derrière le bâtiment principal, comme dans l'habitation précédente, mais sur une longueur un peu plus grande; la moitié de cet appentis contient une laverie *f* avec pierre d'évier *g*, et une laiterie ou un garde-manger *h*, communiquant l'une et l'autre avec l'intérieur de la maison. L'autre portion de l'appentis contient un bûcher ou un cellier *l*, un petit poulailler *i*, des latrines *k*, compartiments auxquels on accède seulement du dehors.

Ce projet nous semble devoir être recommandé avantageusement aux cultivateurs.

Les pignons où ne se trouvent point d'ouvertures sont utilisés pour placer des arbres en espalier surmontés d'un petit abri, ainsi qu'on le voit dans l'élévation latérale de la construction représentée dans la fig. 41.

Si l'on avait besoin d'établir un four dans la maison même, il serait facile de l'ouvrir dans la cheminée de la chambre *b* et de l'installer sous un petit appentis accolé au pignon, comme nous l'avons dit en expliquant le plan de la maison représentée dans la pl. 10 (page 51). Si on tenait en outre à la symétrie, un petit hangar adossé à l'autre pignon remplirait cet office.

— Nous avons pris la construction représentée par la pl. 12 dans une publication anglaise, où elle est rangée parmi les *cottages for labourers* (1). Nous n'en avons modifié que quelques détails. L'élévation principale (fig. 43) serait fort ordinaire si elle n'était rehaussée par une espèce de petit fronton assez élancé. Ce fronton, de la hauteur du toit, est percé d'une petite fenêtre allongée qui éclaire le grenier; sur ses deux côtés inclinés règne une simple moulure en pierre de taille dont la base, recourbée horizontalement, est soutenue par deux consoles qui s'appuient sur une saillie également en pierre. Au milieu de la façade s'ouvre une porte d'entrée à deux battants protégée par un petit auvent en menuiserie. Le toit est encadré dans le recouvrement en pierre du fronton et des pignons, ainsi que le laissent voir cette fig. 43 et la fig. 44 qui représente l'élévation latérale. Les toits ainsi terminés résistent généralement très-bien à l'influence du vent; mais, si la tuile ou l'ardoise n'est pas maçonnée contre les pierres d'encadrement avec un bon mortier hydraulique, il peut en résulter des infiltrations qui nuisent beaucoup à la conservation des murs de pignons.

Le plan (fig. 45) est composé d'un vestibule *a* de 2 mètres de large, qui est agrandi par la saillie de 0^{m},30 qui supporte le fronton; au fond du vestibule se trouvent une grande armoire ou des rayons destinés à resserrer les outils de jardinage ou de terrasse. A droite est la chambre à coucher du fermier *f*, avec cheminée; ses dimensions sont de 4 mètres sur 5 mètres. A gauche de l'entrée est la cuisine *b*, avec cheminée et fourneau, de même grandeur que la

(1) Smith : *Essay on the construction of cottages*; ouvrage qui a remporté le prix de la Société royale d'agriculture d'Écosse. Glasgow, 1834.

Fig. 43.

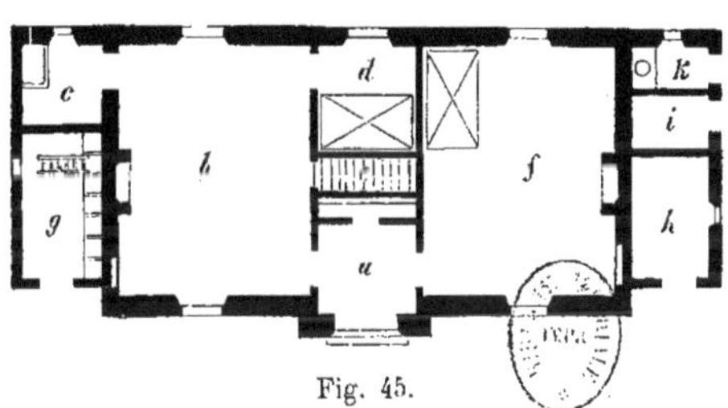

Fig. 45.

Fig. 44.

5 mètres.
0 1 2 3 4 5

Fig. 46.

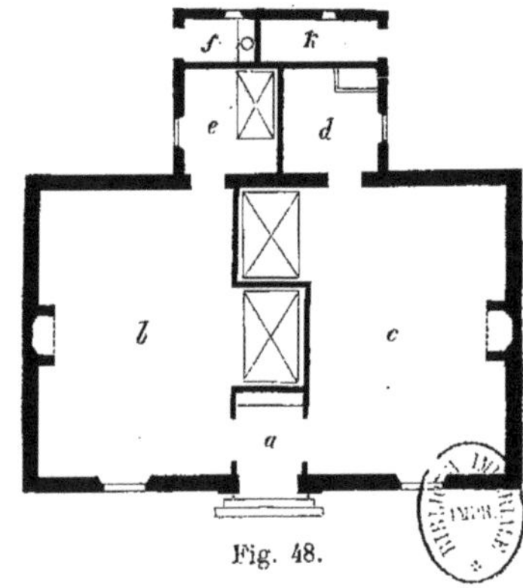

Fig. 48.

Fig. 47.

5 mètres.
0 1 2 3 4 5

chambre à coucher; à côté sont une petite laverie *c* avec évier et un cabinet *d* pouvant contenir un lit; enfin, au milieu de la pièce est un escalier *e* pour conduire au grenier; il est éclairé par de petits jours ouverts dans la toiture. De chaque côté du bâtiment principal sont deux appentis : l'un contient la petite laverie *c* communiquant avec la cuisine et un poulailler *g;* l'autre un bûcher *h,* une petite serre à provision *i* et des latrines *k.*

Dans le cas où on voudrait établir, pour cette habitation, un four dans la cuisine, il serait facile d'y consacrer l'emplacement occupé par le poulailler *g.* Peut-être alors faudrait-il agrandir un peu l'appentis dans le sens de sa largeur.

— Nous dirons à peu près la même chose pour la maison figurée dans la pl. 13 que pour celle que nous venons de décrire. Nous l'avons prise à la même source en faisant quelques modifications dans sa disposition intérieure. Le fronton qui surmontait la porte d'entrée est supprimé dans cette planche, mais le toit est encore renfermé dans les recouvrements en pierre des pignons. La construction, de même que la précédente, est faite en moellons avec pierre de taille pour les angles et les baies de portes et de fenêtres. Le toit se prolonge au-dessus de la porte d'entrée, de manière à former au-dessus un petit auvent supporté par deux consoles, ainsi qu'on peut le voir dans l'élévation de face (fig. 46) et dans l'élévation latérale (fig. 47).

Enfin les deux appentis qui se trouvaient sur les côtés dans la maison représentée sur la planche précédente sont remplacés dans celle-ci par un petit bâtiment situé derrière la construction et formant un T avec elle.

Le plan (fig. 48) se compose d'un vestibule *a* avec armoire ou rayons; d'une chambre à coucher *b* ayant 4 mètres sur 6 mètres; elle renferme une alcôve et communique avec un petit cabinet *e* pouvant contenir un lit d'enfant; à côté sont des latrines *f* s'ouvrant au dehors, mais qu'il serait très-facile de faire ouvrir dans le cabinet *e,* si on le préférait. De l'autre côté du vestibule est la cuisine *c,* de même dimension que la chambre à coucher *b;* dans cette cuisine se trouve aussi une alcôve, laquelle, si on le désire, peut être fermée à l'aide d'une porte à coulisse. La laverie *d* ayant un évier communique avec la cuisine. Quant à la partie *k*, elle peut être utilisée de deux manières : comme emplacement de l'escalier conduisant au grenier qui surmonte le petit bâtiment et communique avec celui du grand, ou comme bûcher. Dans ce cas on monterait dans le grenier à l'aide d'une échelle appuyée sur le pignon du petit bâtiment où une ouverture serait pratiquée à cet effet; ce qui serait moins commode qu'un escalier intérieur, si rapide qu'il dût être.

— On pourrait établir dans la cuisine un four comme nous venons de l'indiquer pour la maison précédente.

— C'est encore dans les publications anglaises que nous avons pris l'élévation (1) de la maison représentée dans la pl. 14, mais en modifiant entièrement son plan. L'élévation (fig. 49) montre le caractère de la construction; les fenêtres, presque aussi larges que hautes, sont surmontées, de même que les portes, d'une moulure ou corniche telles qu'on en faisait chez nous au moyen âge, et un tuyau en fonte, moulé sous forme de colonnette, pour le passage des eaux de pluie, coupe en deux parties symétriques la façade du bâtiment. Deux lucarnes en pierre de taille sont assises sur le bord du toit et servent à éclairer le premier étage. Une grosse cheminée enfin, de forme polygonale, vient surmonter la couverture du bâtiment.

Le plan du rez-de-chaussée (fig. 50) donne la composition suivante :

a, très-petit vestibule;

b, réfectoire ou chambre commune;

c, cuisine avec fourneau à vapeur, ou laiterie, ou dépense;

d, laverie;

e, office;

f, escalier tournant, un peu rapide, surtout s'il fallait monter des sacs de grain au premier étage.

(1) H. Roberts : *Des habitations ouvrières*; traduit de l'anglais par ordre du président de la République, Louis-Napoléon. Paris, 1850, in-4°.

Fig. 49.

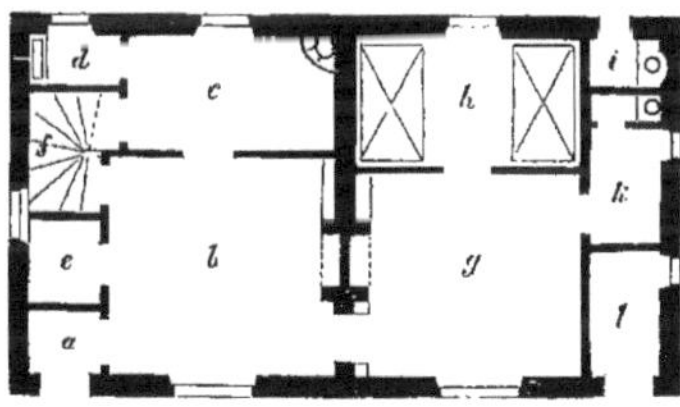

Fig. 50.

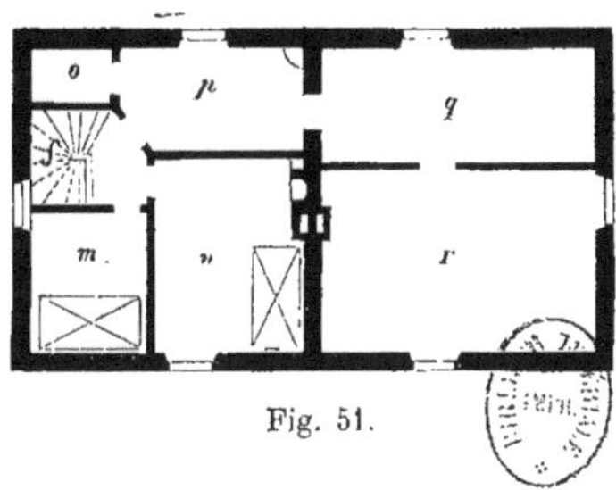

Fig. 51.

5 mètres.
0 1 2 3 4 5

Du réfectoire *b* on passe dans la chambre *g*, renfermant une grande alcôve *h* à deux lits; à côté est un cabinet *k*, avec petites aisances. Un autre cabinet de latrines *i* et un petit endroit pour serrer les outils *l* complètent le rez-de-chaussée de cette maison.

Le premier étage, auquel la naissance du toit à $0^m,50$ donne un peu d'élévation, se compose d'un cabinet *m* (fig. 51), où l'on peut placer un lit; d'une petite chambre à feu *n* et de quatre compartiments, *o*, *p*, *q*, *r*, servant de greniers à grains et à provisions.

Les dimensions extérieures de ce bâtiment sont de 10 mètres sur 6 mètres. Un petit appentis à construire par derrière permettrait l'établissement d'un four dans la pièce *c*.

— Nous terminerons, par la description de la maison représentée pl. 15, la série de celles que nous désignons comme pouvant servir à de petits cultivateurs (1).

L'aspect n'est plus le même que dans les constructions précédentes; c'est ici le pignon qui forme la façade principale (fig. 52). L'élévation latérale (fig. 53) ne laisse apercevoir qu'une baie de croisée et les pentes des toits qui aboutissent sur la façade. Un premier étage sert d'habitation au fermier. La construction, solidement établie en moellons avec encoignures en pierre de taille, se compose d'un bâtiment principal et de deux appentis d'assez grande dimension. Les ouvertures, comme les conduits des cheminées, sont faites en briques; et leurs voûtes surbaissées sont reçues à la partie supérieure par des pierres qui tranchent assez vigoureusement sur la couleur sombre de la brique. Une petite fenêtre, formée d'un demi-cercle et située dans la pointe du pignon, sert à éclairer le grenier.

La couverture se compose de tuiles à recouvrement formant losanges, imitées des tuiles romaines, et dont l'emploi a été repris avec succès depuis quelques années.

(1) Le plan en a été tracé d'après l'élévation d'une maison de garde de M. le comte D***, à Forges, près Montereau (Seine-et-Marne).

Le plan (fig. 54) a pour dimensions 13 mètres sur 9 mètres; il est composé ainsi :

a, entrée, avec rayons ou armoires pour déposer des outils;

b, cuisine de 5 mètres en tous sens ;

c, alcôve fermée par une cloison vitrée, avec porte, de manière à former une petite chambre de 2m,50 sur 4 mètres ;

d, escalier pour monter au premier, où se trouve la chambre à coucher principale ; armoires en dessous ;

e, pièce, à côté de la cuisine, à usage de boulangerie, avec four, et de laverie, avec évier. Ses dimensions sont de 3 mètres sur 4 mètres, non compris l'emplacement du four.

f, bûcher ou cellier ;

g, laiterie dans laquelle on parvient soit à travers la pièce *f*, soit par une ouverture pratiquée dans la cuisine *b*, et dont l'indication a été omise dans notre dessin ; cette pièce pourrait être réunie à la précédente.

Le premier étage contient une pièce à feu, de 5 mètres en tous sens, servant de chambre à coucher, dont les dimensions sont égales à celles de la cuisine du dessous, et un cabinet à côté de l'escalier. C'est là qu'habitent le fermier et sa famille; l'élévation rend la surveillance plus facile. C'est ainsi que la chambre du fermier doit être placée, d'après Olivier de Serres.

HABITATIONS POUR UNE MOYENNE EXPLOITATION.

Sous ce titre nous avons voulu désigner une habitation qui n'est plus celle que réclame une ferme de deux ou trois charrues, mais qui n'est point encore celle que nécessite une grande entreprise agricole. Dans la première, une famille modeste, aidée de quelques serviteurs, doit trouver un logement suffisant, quoique restreint ; dans la seconde,

Fig. 52.

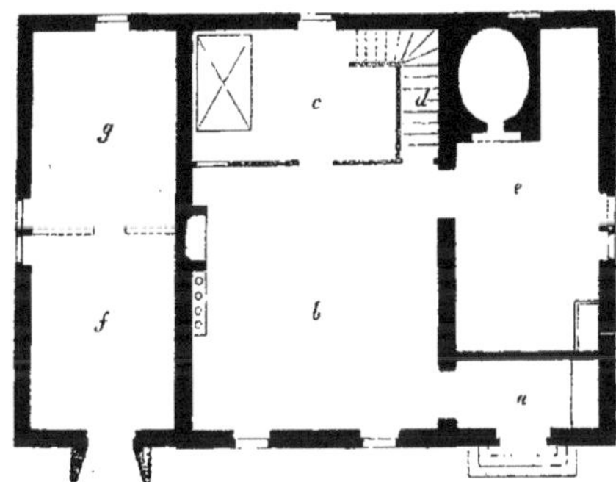

Fig. 54.

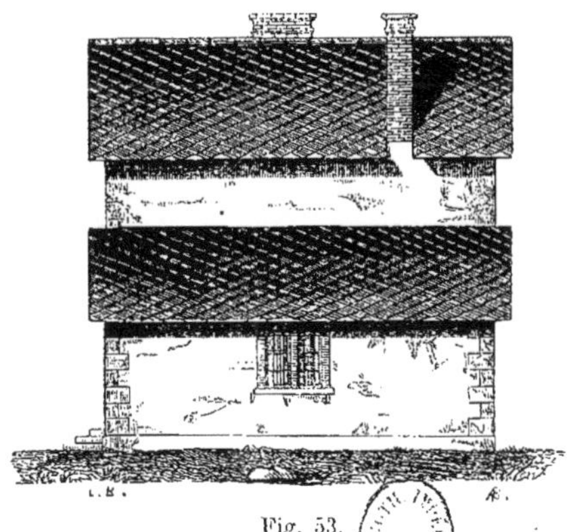

Fig. 53.

5 mètres.

Fig. 55.

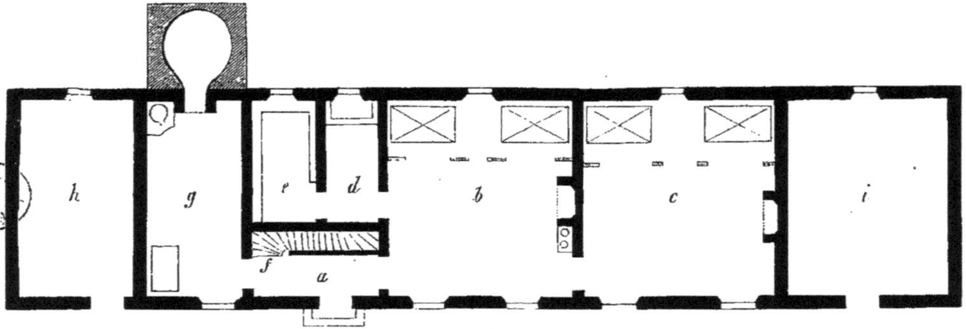

Fig. 56.

au contraire, l'entrepreneur, propriétaire ou fermier, habitué à plus de luxe et d'aisance, a besoin d'une maison vaste et commode, dont nous donnerons plus loin quelques exemples. C'est entre ces deux catégories d'habitations que prennent place celles que nous allons décrire.

— La maison représentée dans la pl. 16 a été construite, par l'un de nos amis, sur le plan que nous lui en avons remis (1). Elle se compose d'un bâtiment rectangulaire de 26 mètres de long sur 7 de large. Peut-être cette longueur paraîtra-t-elle considérable ; un bâtiment double ou plus élevé eût pu remplir le même but ; mais, dans la disposition, il fallait tenir compte de quelques circonstances qui se présentent assez fréquemment : c'était d'abord la nécessité de donner jour sur la cour, à la cuisine, à la chambre à coucher et même à la boulangerie, afin que le maître ou, en son absence, la maîtresse de la maison, puisse surveiller ce qui se passe dans la ferme ; c'était ensuite la répugnance qu'éprouvent les habitants de la campagne à se loger au premier étage ; c'était enfin l'impossibilité de bâtir sur caves, difficulté sans laquelle on eût pu placer en sous-sol les locaux situés aux deux extrémités et servant l'un de bûcher, l'autre de cellier.

Construit en moellons et en pierre de taille aux ouvertures espacées régulièrement, le bâtiment a sa façade relevée par un pignon en forme de fronton de la hauteur du toit ; une fenêtre y est percée (fig. 55). L'espace intérieur que donnent ce pignon et un exhaussement de 1 mètre laissé à l'étage supérieur est utilisé pour augmenter l'habitation.

Notre construction se compose ainsi (fig. 56) :

Au rez-de-chaussée, un vestibule *a* sert d'entrée à toute la maison. A droite est la cuisine *b*, au fond de laquelle une alcôve fermée contient les lits des filles de service ; à côté de la cuisine, la chambre

(1) M. Eugène Mauté, pour l'une de ses propriétés, à Saint-Pierre-la-Bruyère (Orne). Voir le plan général du domaine, 2e partie.

du maître c comprend aussi une alcôve fermée qui permet de la convertir en salle de réunion. De l'autre côté est une laverie d, avec pierre d'évier et planches à ustensiles de cuisine ; elle sert de passage pour la laiterie e, dont le sol est un peu plus bas, et dans laquelle on peut renfermer quelques provisions.

A gauche du vestibule a est une pièce g à usage de buanderie, de boulangerie et de magasin pour les provisions qui ne redoutent pas une chaleur momentanée. Le four, dont la masse est assise en dehors du bâtiment, s'ouvre dans la cheminée adossée au mur extérieur, et à côté de laquelle se trouve un fourneau pour la lessive et la cuisson des aliments destinés aux bestiaux.

Dans le vestibule a s'ouvre l'escalier f, conduisant au premier étage ; sous cet escalier est un cabinet, où l'on peut serrer quelques outils.

Aux deux extrémités du bâtiment se trouvent un cellier i et un bûcher h, tous deux sans communication avec l'intérieur, quoiqu'il fût facile d'en établir, s'il en eût été besoin.

L'escalier se termine dans un grenier situé au premier étage au-dessus du bûcher, de la boulangerie et de la laiterie ; ce grenier, destiné à l'avoine, est formé par la naissance du toit élevée à 1 mètre, ainsi que nous l'avons déjà dit. A côté se trouvent deux petites chambres ($5^m \times 2^m,50$) éclairées par les fenêtres des frontons, l'une sur la cour, l'autre sur le jardin ; elles sont destinées aux enfants du fermier, ou à servir de chambres supplémentaires, et peuvent être chauffées par de petites cheminées. Entre elles règne un couloir éclairé par en haut et donnant accès au grenier à blé établi sur la chambre d'habitation c et le cellier i. Ce grenier et celui qui est à l'autre extrémité sont éclairés par des fenêtres pratiquées dans les pignons et munies de poulies, de telle sorte qu'on puisse y introduire facilement les sacs de grain qu'une voiture amène au-dessous.

— La pl. 17 représente une maison bâtie sur un plan tout différent de la précédente ; ici on a eu pour but de restreindre la surface

Fig. 57.

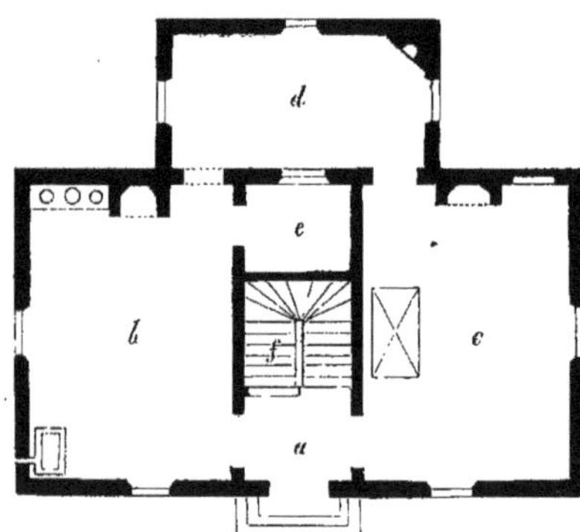

Fig. 59.

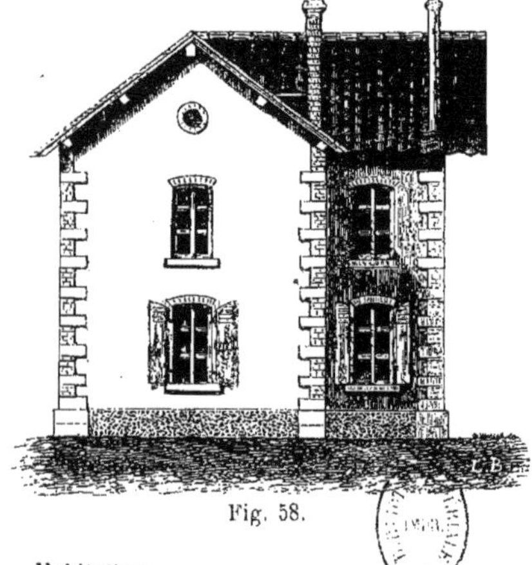
Fig. 58.

Constructions rurales. — Habitations.

5 mètres.
0 1 2 3 4 5

de la construction et de gagner par son élévation l'emplacement dont on avait besoin (1).

La maison est construite en moellons recouverts d'un enduit et établie sur un soubassement en pierres meulières laissées en saillie de $0^m,05$ et restées apparentes. Les angles sont formés alternativement d'une pierre de taille et d'un massif en briques d'à peu près égale épaisseur. Les baies des portes et fenêtres, montées verticalement en moellons recouverts d'enduit, sont fermées à la partie supérieure par un bandeau surbaissé en briques apparentes.

La construction se compose d'un bâtiment rectangulaire de 12 mètres sur $6^m,50$, et d'un autre par derrière en saillie de 3 mètres formant T avec le premier. La fig. 57 est l'élévation de la face, la fig. 58 l'élévation latérale, et la fig. 59 le plan.

Ce bâtiment est élevé sur caves où trouvent place un cellier et un bûcher. On accède à ce dernier, pour la descente du bois, par un soupirail placé derrière l'habitation. L'entrée de celle-ci a lieu par un vestibule *a*, où aboutissent l'escalier de la cave et celui du premier étage. A gauche de l'entrée *a* est une pièce *b* ($6^m \times 4^m$) servant à la fois de cuisine et de réfectoire, et dans laquelle on a mis une pierre d'évier ; un cabinet *e* sert de garde-manger ; il est éclairé par une imposte établie sur la pièce *d* et ventilé par deux tuyaux en poterie prolongés jusqu'au-dessus du toit. A droite de l'entrée se trouve une grande chambre à coucher *c*, ayant les mêmes dimensions que la cuisine *b*. Enfin une pièce à feu *d* éclairée par trois fenêtres peut servir de cabinet de travail au maître de l'exploitation ; on y parvient en traversant soit la cuisine, soit la chambre à coucher ; ses dimensions sont de 5 mètres sur $2^m,50$. Cette pièce peut être consacrée à l'usage de laiterie, en diminuant la grandeur des baies de fenêtres.

Le premier étage, auquel on parvient par l'escalier *f*, est la répétition du rez-de-chaussée ; nous n'avons pas cru devoir en donner

(1) Nous avons dressé ce plan d'après une élévation prise dans l'ancien parc du Raincy, près Bondy (Seine-et-Oise).

le plan, qui comprend soit trois chambres à coucher, soit deux chambres et un cabinet.

Le grenier est au-dessus et on y arrive aisément par la prolongation de l'escalier; il est recouvert en tuiles creuses ou *pannes* et éclairé par deux ouvertures pratiquées dans les deux pignons principaux ; une porte est ouverte dans le troisième pignon : une poulie, scellée au-dessus, permet de monter et de descendre facilement les sacs de blé qu'on ne voudrait pas mouvoir à dos d'homme, la hauteur du bâtiment rendant ce service trop pénible pour les porteurs.

— D'après une construction du genre anglais (1), nous avons dressé le plan de la maison dont les détails sont représentés dans la pl. 18. Elle est formée de deux bâtiments perpendiculaires l'un à l'autre, et dont le premier, plus élevé, comporte deux chambres au premier étage ; deux petites additions latérales complètent l'ensemble.

Le bâtiment (vu de face fig. 60, et vu de côté fig. 61) est établi en pierres et moellons ; les façades sont rehaussées par une pointe émoussée en métal pouvant servir de base à un paratonnerre, et par deux cheminées dont la partie supérieure est formée de tuyaux en fonte.

Les toits, couverts en ardoises, sont encadrés par le revêtement en pierre des pignons formant corniche au-dessus. Nous avons déjà indiqué (page 54, pl. 12) les avantages et les inconvénients de ce système. Dans le pignon qui forme la façade principale, s'ouvrent deux fenêtres : l'une est surmontée par une moulure en pierre, l'autre par un petit abri en planches.

C'est dans l'avancement de ce pignon sur le reste de la construction que consiste la préférence qui pourrait être accordée à cet exemple d'habitation : il permet d'établir une pièce dont les ouvertures, laissant projeter les regards au dehors dans trois directions différentes, facilitent singulièrement la surveillance de ce qui se passe dans la cour d'exploitation.

(1) Smith : *Essay on the construction of cottages*. Voyez page 54.

Fig. 60.

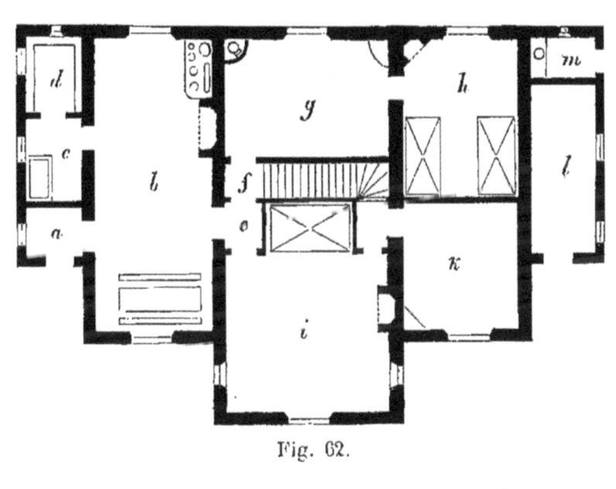

Fig. 62.

Fig. 61.

5 mètres.
0 1 2 3 4 5

Fig. 63.

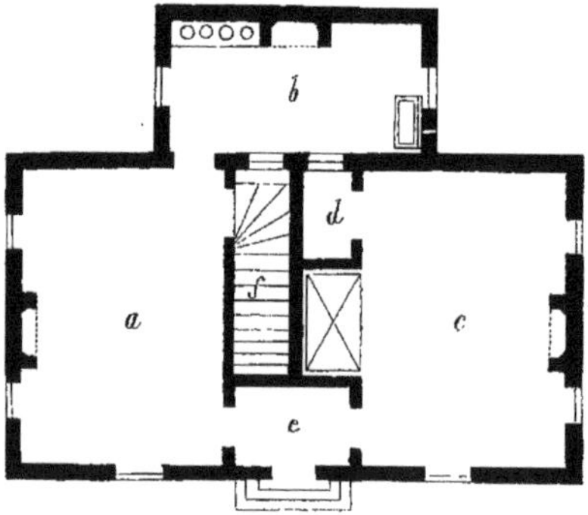

Fig. 65.

Fig. 64.

5 mètres
0 1 2 3 4 5

Le plan (fig. 62) se compose d'une entrée ou vestibule *a;* à droite, une cuisine *b* un peu allongée et servant de réfectoire aux ouvriers; elle communique avec une laverie *c* et un garde-manger *d*. A la suite de la cuisine, un passage *e*, fermé de portes vitrées, donne accès d'abord à l'escalier *f* du premier étage, puis à une salle à manger pour les maîtres *g*, et à la chambre des filles de service *h*. La chambre du maître *i* est à l'autre bout du passage *e* dont un des côtés est formé par l'alcôve; c'est de cette chambre que la surveillance peut s'exercer, ainsi que nous l'avons dit, à l'aide d'une fenêtre principale et de petites ouvertures latérales, fermées, si on le désire, par des volets intérieurs. Un couloir établi à l'autre bout de l'alcôve communique avec une petite pièce *k* servant de cabinet ou de chambre d'enfants et chauffée par la cheminée de la chambre *i* ou par un appareil quelconque établi dans un des angles. Enfin, au bout et symétriquement à la porte d'entrée du vestibule est un local *l* pour serrer les outils manuels des ouvriers, à la suite duquel on a établi un cabinet d'aisances *k*.

Au premier étage l'escalier *f*, éclairé par le haut, donne accès à deux chambres à feu, dont l'une, sur la façade principale, peut réunir les mêmes avantages que la pièce *i* située au-dessous; elles sont toutes deux légèrement lambrissées. Au-dessus de la cuisine *b* et des pièces *h* et *k* règne un grenier à tous usages.

— L'habitation représentée dans la pl. 19 a les mêmes dimensions et la même forme que celle de la pl. 17; elle n'en diffère que par le mode de construction et la disposition du plan. Elle est élevée sur un soubassement en pierres de taille, et construite en moellons recouverts d'un enduit; les encoignures et les baies des portes et fenêtres laissent apparaître les pierres blanches qui les entourent; la maison est couverte en ardoises (fig. 63 et 64).

Le plan (fig. 65) se compose d'une pièce *a* ($4^m \times 5^m,50$), à laquelle on parvient par un vestibule *e*. Cette pièce sert de chambre commune, de réfectoire, etc.; à côté est une petite cuisine ($5^m \times 2^m,50$) avec pierre d'évier. Dans la pièce *a* s'ouvre l'escalier *f* qui conduit au premier étage, où la fenêtre du milieu suffit à l'éclairer en même temps qu'une porte vitrée sur la pièce *a* et une imposte sur la cuisine *b*. A droite de l'entrée *e* est une chambre à coucher *c* ($4^m \times 5^m,50$), avec une alcôve et un petit cabinet *d* éclairé par une imposte sur la cuisine.

Dans le vestibule *e* peut s'ouvrir, au-dessous de l'escalier *f*, celui qui descend dans les caves, si le terrain permet d'en établir; elles recevront alors une destination analogue à celle de la maison représentée dans la pl. 17 (page 61).

Le premier étage, dont nous avons cru inutile de donner le plan, se compose, de même, de trois chambres à coucher ayant des dispositions analogues à celles du bas, avec un petit palier au haut de l'escalier. Au-dessus, enfin, règne un grenier dans lequel s'ouvre une fenêtre surmontée d'une poulie pour l'introduction des sacs de grains.

HABITATIONS POUR UNE GRANDE EXPLOITATION.

Lorsqu'il s'agit de construire une maison destinée au directeur d'une vaste exploitation, on ne peut plus être guidé seulement par les seules considérations de convenance que nous avons développées dans la description des classes précédentes d'habitations. D'autres exigences viennent s'y ajouter : l'homme placé à la tête de la ferme est généralement habitué à plus d'aisance, de confort, de luxe même; sa famille doit recevoir quelques visites, entretenir des relations fréquentes, toutes choses qui réclament des pièces d'habitation entièrement distinctes de celles où peut avoir accès le personnel rural de l'exploitation. D'un autre côté, les locaux à usage spécial, comme

Fig. 66.

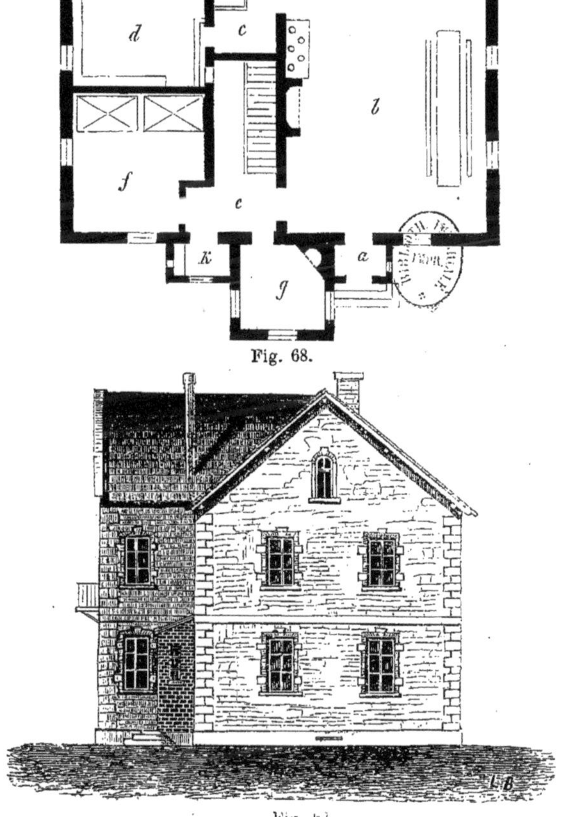

Fig. 68.

Fig. 67.

la laiterie, les celliers et bûchers, par la grandeur d'emplacement qu'ils exigent, trouvent une place distincte dans les différentes parties des constructions qui composent la ferme. La maison peut donc être réservée tout entière à l'habitation du chef de l'exploitation et de sa famille; nous y ajouterons, toutefois, la cuisine et le réfectoire des domestiques et ouvriers, qui doivent toujours être l'objet de la surveillance la plus active, et qu'il faut nécessairement rapprocher des yeux de celui qui commande. En faisant la part de cette exigence, les habitations dont il s'agit peuvent se ranger dans la classe des maisons de campagne proprement dites et de leurs variétés si nombreuses. A ce titre nous n'aurions pas à nous en occuper, et il nous suffirait de renvoyer aux ouvrages dans lesquels nos architectes les plus habiles ont décrit leurs productions....... Nous croyons cependant utile de donner quelques exemples, en rappelant que la simplicité est toujours de bon goût dans de pareilles constructions.

Nous avons établi le projet représenté dans la pl. 20 pour répondre aux exigences les plus modestes d'une habitation de ce genre. Elle se compose d'un bâtiment rectangulaire de 14 mètres de long sur 8 mètres de large, élevé de deux étages sur caves et flanqué d'un petit avant-corps de 3 mètres en tous sens et de deux petits appentis dont nous dirons tout à l'heure la destination. Le tout est construit en moellons et pierre de taille, à l'exception des deux appentis élevés en briques pour en diminuer l'emplacement la couverture est en tuiles ou ardoises pour la maison, en zinc pour les deux appentis. C'est dans l'un d'entre eux que se trouve l'entrée principale par un vestibule *a* (fig. 48), donnant dans une grande pièce *b* ($6^m \times 7^m$) servant de cuisine et de réfectoire pour les ouvriers, ainsi que l'indique la grande table figurée dans le plan; cette cuisine a des fenêtres sur trois faces permettant de voir ce qui se passe dans les trois directions. A côté de la cuisine est une laverie *c* avec pierre d'évier, par laquelle on arrive dans un garde-manger *d* ($4^m \times 3^m$) en contre-bas de $0^m,30$ et situé au nord, si on suppose la porte principale s'ouvrant au midi; on peut encore arriver à ce garde-manger par une porte donnant sur le corridor *e*, où se trouve l'escalier du premier étage au-dessus de celui des caves. A côté est une chambre à coucher *f* pour les filles de service. Sur ce corridor s'ouvre le cabinet de travail *g* situé dans l'avant-corps et ayant 2m,50 en tous sens. De là le maître de l'exploitation peut voir dans les trois directions différentes, appeler pour donner des instructions en ouvrant ses fenêtres, et, à l'aide d'un petit vasistas placé à côté du tuyau de cheminée, voir dans la cuisine, où il peut, d'ailleurs, se rendre en faisant quelques pas. Dans le petit appentis symétrique de celui où s'ouvre la porte d'entrée et qui est désigné dans le plan par un *k* sont des lieux d'aisances, ou une autre entrée particulière aux maîtres, pour le cas où l'on ne jugerait pas à propos de traverser la cuisine; les lieux d'aisances seraient alors placés au premier étage.

Si l'on croyait que la construction de ces deux appentis compliquât un peu la construction, rien de plus facile que de les retrancher; on laisserait ainsi pénétrer plus de clarté dans le bas de l'escalier, qui n'est éclairé, au rez-de-chaussée, que par des portes vitrées sur les pièces *b*, *f*, *g*, *k*, et, au premier étage, par la fenêtre qui se trouve en face. Dans ce cas, on prendrait sur la cuisine *b*, vis-à-vis l'entrée *a*, l'emplacement d'un petit vestibule en vitrage.

Au premier étage, dont nous n'avons pas cru nécessaire de donner le plan, presque semblable à celui du rez-de-chaussée, se trouvent deux chambres à coucher, un petit salon, salle à manger et une petite pièce au-dessus du cabinet de travail, d'où la surveillance peut s'exercer de même que dans celui-ci et plus facilement encore, à cause d'un petit balcon.

Le second étage fournit encore trois chambres, lambrissées, il est vrai, à cause de l'inclinaison du toit, mais que des fenêtres assez grandes, ouvertes dans les pignons, peuvent rendre très-habitables.

Nous croyons utile de citer ce que nous disait un de nos amis, auquel nous expliquions le dessin de cette maison. De la fenêtre du deuxième étage, qui, par son élévation, domine tous les bâtiments de la ferme, si le pays est découvert, le chef de l'exploitation ne pourrait-il pas, sans dérangement et à l'aide d'une lorgnette, vérifier de temps en temps ce que font ses ouvriers dans la plaine : si ses charretiers ne s'arrêtent pas à causer, s'ils ne font pas courir leurs chevaux pour rattraper du temps perdu, si le laboureur ne s'assied pas au bout du sillon, si les sarcleuses ne se mettent pas en cercle pour bavarder ?...

— Sur une élévation semblable à celle de cette construction, et avec les mêmes facilités de surveillance offertes par l'établissement en saillie de cabinets au rez-de-chaussée et au premier étage, nous avons représenté diverses modifications de la disposition intérieure dans trois planches de la seconde partie de ce travail.

— Nous passerons rapidement sur la petite maison représentée dans la planche 21, maison fondée et habitée par notre père et que nous nous sommes plu à terminer (1). Quatre murs en moellons et un toit d'ardoise la composent ; sur la pierre serpentent, en guise d'ornement, quelques ceps de vignes ; au pied fleurissent des rosiers étalés en espalier (fig. 69) ; sur le toit se détachent deux lucarnes pointues en pierre blanche (fig. 72).

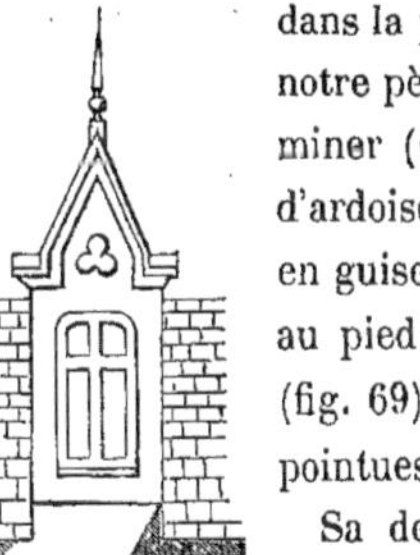
Fig. 72.

Sa destination fut d'abord de loger le chef d'une exploitation comprenant une petite ferme voisine et un moulin à blé ; plus tard, de procurer un asile où, dans les intervalles d'un travail assidu, pussent être goûtés quelques instants de repos au milieu des joies de la famille, du calme de la campagne.

Elle pourrait être utilisée comme habitation attenante à une grande exploitation, en supposant qu'elle s'ouvrît d'un côté sur la cour de service, et de l'autre sur un jardin.

Voici la description du plan :

Au rez-de-chaussée (fig. 70), une entrée *a*, formant vestibule sur

(1) Le Moulin-Neuf du Lerry, Saint-Hilaire-sur-Erre (Orne).

la cour, donne accès à une grande cuisine *b* ($4^m \times 6^m,50$), où l'on remarque une table pour les ouvriers, des fourneaux, une pierre d'évier et un petit four. A côté sont deux petits offices *c* et *c'* pour les aliments destinés aux maîtres et aux domestiques. La salle à manger *d* ($4^m,50 \times 3^m,50$) est chauffée par des bouches de chaleur venant de la cheminée de la cuisine : un *tour* ménagé entre ces deux pièces permet le passage des mets préparés. A côté, et communiquant d'une part avec l'entrée du côté de la cour *a*, de l'autre avec le vestibule du côté du jardin *a'*, est une pièce pour le travail en commun *e* ($3^m \times 3^m,50$) pouvant servir de salle de réunion et ouverte sur le jardin par une porte à deux battants. Dans le vestibule *a'* se trouvent des lieux d'aisances *q* ventilés par des tuyaux aspirateurs qui traversent l'étage supérieur ; derrière est un petit bûcher *f*. L'emplacement marqué *g* et *h* est destiné soit à un grand salon, soit à un atelier *g* et à un salon *h*, soit à un bûcher, à un cellier, à une laiterie, etc.

Au premier étage (fig. 71) sont cinq chambres à coucher *k* avec ou sans cabinets de toilette ou décharges *i* ; on y parvient par un escalier qui se sépare en deux branches sur un palier situé au milieu de la hauteur de l'étage : un corridor *l* dessert trois des chambres *k*.

Au-dessus se trouve un vaste grenier où le jour parvient par des tabatières et deux chambres lambrissées qu'éclairent les lucarnes indiquées dans le dessin.

— Lorsqu'une habitation, déjà construite, doit devenir l'objet principal de la décoration d'un jardin, d'un petit parc, lorsqu'elle doit concourir à l'ornementation d'un paysage, il est parfois facile, avec quelques modifications peu considérables, de lui donner une apparence plus élégante que celle qu'elle avait reçue primitivement de son constructeur ; quelques moulures rapportées sur les baies d'ouvertures, des chaînes apparentes, des saillies dans la toiture, et surtout l'addition d'un petit corps de bâtiment en avant de la partie centrale, ou de deux appendices en guise d'ailes, parfois une ou plusieurs tourelles, peuvent concourir à produire le résultat cherché.

La maison représentée dans la pl. 22 est un exemple offrant

Fig. 69.

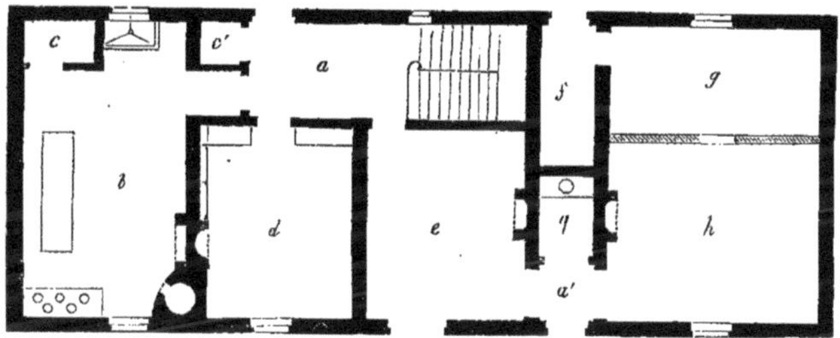

Fig. 70.

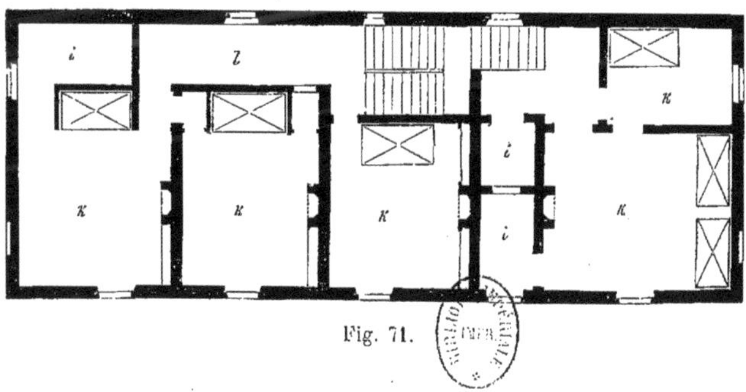

Fig. 71.

5 mètres.
0 1 2 3 4 5

Fig. 73.

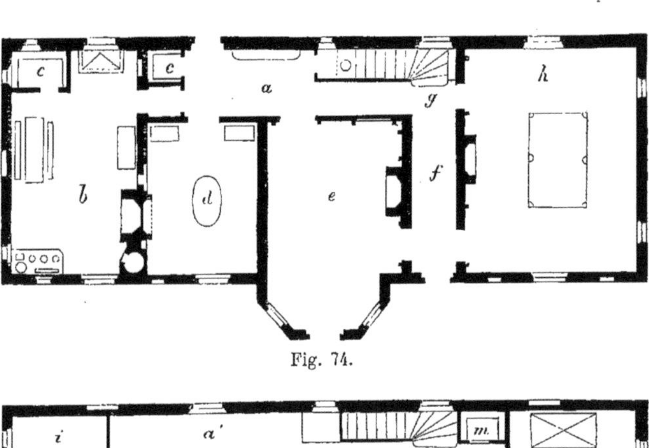

Fig. 74.

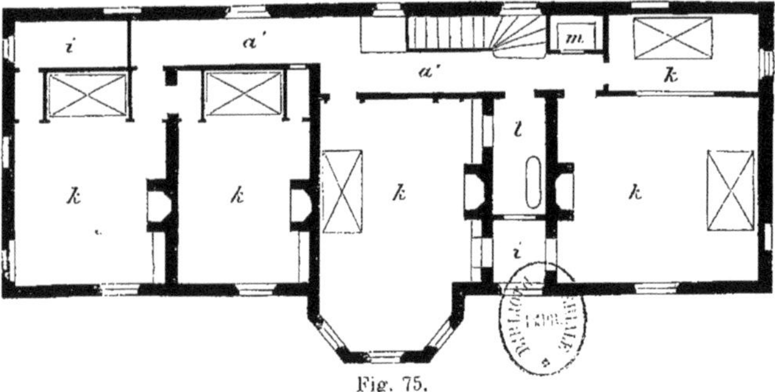

Fig. 75.

5 mètres.
0 1 2 3 4 5

non-seulement ce genre d'additions décoratives, mais encore une innovation de disposition qui sert à faciliter la surveillance du chef d'exploitation, comme nous en avons déjà donné quelques spécimens.

C'est une transformation de l'habitation précédente (pl. 21), à laquelle nous avons ajouté quelques motifs d'ornementation, et en outre une petite saillie d'où la vue, aux différents étages, peut s'étendre dans trois directions.

Les motifs d'ornementation consistent en moulures au-dessus de chacune des fenêtres et des portes, en lucarnes placées dans les croupes latérales du toit (l'une d'elles est une porte-fenêtre avec poulie pour faciliter le montage des sacs de grain dans le grenier), puis, au-dessus et dans toute la longueur du toit, en une crête en fonte de fer, comme en fabriquent aujourd'hui presque toutes nos usines à fer; enfin en cheminées ornées avec pans coupés ou en forme de torsades. Plusieurs tuileries font cuire maintenant des tuyaux de cheminées en poterie ornée, qui peuvent remplir un office décoratif analogue à celui que l'on obtient avec des pierres taillées, et dont le prix est moins élevé: en Angleterre ces modèles sont très-communs, ils se propagent en France. On fabrique aussi en poterie des crêtes de toit adaptées sur des enfaîteaux, ou y entrant dans une rainure; on les y scelle avec du ciment; la gelée les fait souvent casser : celles en fonte sont préférables.

Quant à la saillie que l'on peut voir à la partie antérieure du bâtiment dont l'élévation est représentée (fig. 73), elle a été formée par suite de la démolition d'une petite portion du mur de façade, et par sa reconstruction à 2 mètres en avant avec pans coupés. Il en est résulté diverses modifications que l'on peut voir dans le plan du rez-de-chaussée (fig. 74), dans celui du premier étage (fig. 75) et dont voici la description :

Au rez-de-chaussée, *a*, entrée du côté de l'exploitation; *b*, grande cuisine avec garde-manger *c*; à côté, salle à manger pour les maitres *d*; puis salon *e*, ou grand cabinet d'où l'œil du maitre peut s'étendre, dans diverses directions, par la porte vitrée placée au milieu, et par deux fenêtres percées dans les pans coupés ; *f*, passage traversant l'habitation ; *g*, escalier du premier étage, sous lequel sont des latrines ; *h*, salon ou sable de récréation (au besoin peut être utilisé pour un local agricole, une grande laiterie, un bûcher, un cellier ou un petit atelier industriel, distillerie, féculerie, enfin pour une salle de billard, comme dans l'exemple que nous avons eu l'intention de représenter et qui n'est que la modification de l'habitation précédente).

Au premier étage, *a' a'*, couloir donnant accès aux chambres d'habitation *k*, au nombre de quatre ; celle du milieu, destinée au chef, est percée de trois fenêtres, comme la pièce du rez-de-chaussée *e*, placée au-dessous ; *k'*, grand cabinet pouvant servir de chambre séparée, ou d'annexe à la chambre *k* à côté, dont il est séparé par une cloison en forme de portes à quatre battants, disposition commode permettant d'avoir une chambre à coucher transformée en petit salon par la fermeture des grandes portes ; *i*, cabinet ; *l*, chambre de bains ; *m*, grande armoire.

Au second étage, greniers et trois chambres à feu éclairés par des lucarnes ; celle qui se trouve au milieu communique avec une petite terrasse placée au-dessus de la saillie qui règne aux deux étages inférieurs, et limitée par une balustrade formée de motifs de décoration en terre cuite fort répandus à notre époque. De cette terrasse, la vue peut s'étendre au loin et faciliter la surveillance aux environs.

— Plus élégante par son apparence, plus considérable par son étendue, l'habitation représentée dans la pl. 23 peut convenir à une famille nombreuse (1). Élevée partie en moellons et en pierres de taille, partie en briques, elle est rehaussée de deux pavillons carrés à toits légèrement pointus et d'une lucarne centrale avec ornements en fonte de fer ; le dessin de l'élévation (fig. 76) donne suffisamment les détails de sa construction, sans que nous en étendions davantage

(1) Construite aux Pâtis, près la Loupe (Eure-et-Loir), par M. Huzard, notre oncle, auquel nous devons plusieurs articles reproduits plus loin.

Fig. 76.

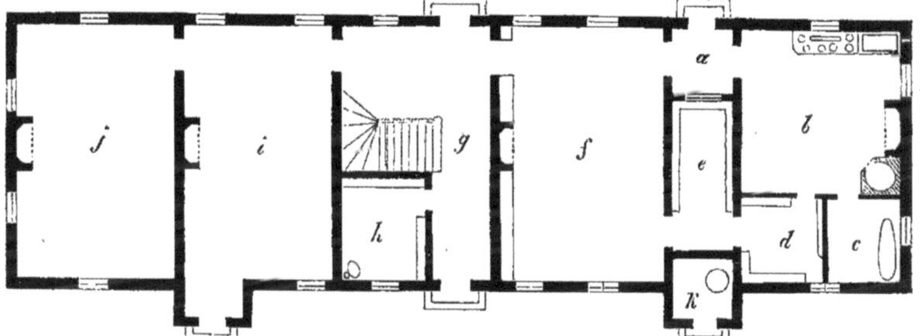

Fig. 77.

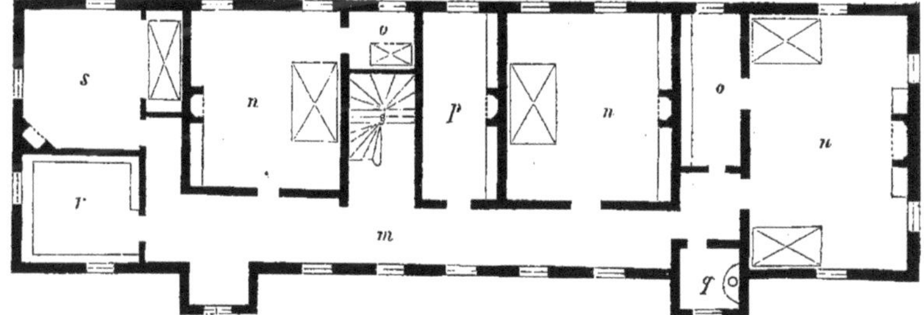

Fig. 78.

5 mètres.
0 1 2 3 4 5

Fig. 79.

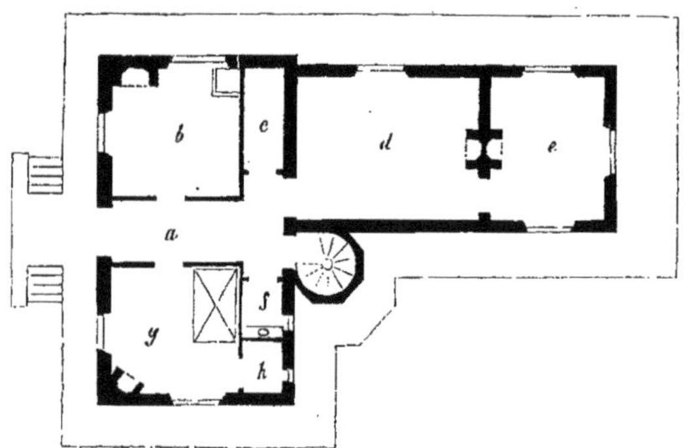

Fig. 80.

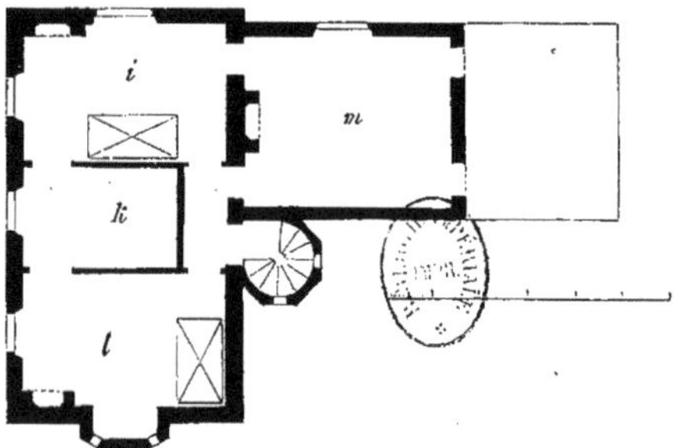

Fig. 81.

5 mètres.
0 1 2 3 4 5

la description; disons seulement qu'elle est disposée, comme la précédente, pour être placée entre un jardin et la cour de l'exploitation.

Le plan du rez-de-chaussée (fig. 77) est composé d'une petite entrée *a*, à côté de laquelle est la cuisine *b*, contenant cheminée, fourneau, évier et un petit four; au fond, une salle de bain *c* et un garde-manger pour la cuisine *d*, communiquant avec celui des maîtres *e*; de l'autre côté de l'entrée *a* est un grand réfectoire *f*. Au milieu du bâtiment est un grand vestibule *g*, lequel permet le passage direct de la cour au jardin, renferme l'escalier du premier étage et donne accès au cabinet de travail *h*. A la suite du vestibule se trouvent une grande salle *i* et un salon *j*. Enfin l'emplacement marqué *k*, dans le soubassement d'un des pavillons, est celui de lieux d'aisances s'ouvrant sur le jardin et ventilés par des tuyaux qui pénètrent, à travers le premier étage, jusqu'au toit.

A ce premier étage (fig. 78) sont trois grandes chambres à coucher *n*, dont deux avec cabinets de toilette *o*; une bibliothèque *p*, des lieux d'aisances *q*, ventilés comme ceux situés au-dessous; une chambre à provisions *r*, une autre à usage de lingerie *s*; toutes ces pièces communiquent entre elles à l'aide du couloir *m*. La chambre à coucher principale, située à l'extrémité du bâtiment, permet à celui qui l'habite de voir à la fois dans trois directions, avantages que l'on ne saurait trop apprécier, ainsi que nous l'avons déjà répété plusieurs fois.

— Nous devons l'élégante habitation représentée dans la pl. 24 à M. Thackeray, l'un des premiers importateurs du drainage en France, qui a bien voulu nous en communiquer le dessin. C'est un de ces jolis *cottages* dont les Anglais savent si bien embellir leurs paysages, en s'y créant une habitation gracieuse et commode. Si nous ne craignions qu'elle ne nécessitât une dépense un peu considérable, à cause des angles, des moulures et des corniches qu'elle comporte, nous la proposerions comme un véritable modèle du genre.

Sur un soubassement de $0^m,60$ de hauteur, qui s'étend à 1 mètre tout autour du bâtiment, s'élèvent deux pavillons formant entre eux un angle droit au sommet intérieur duquel se trouve une tourelle à pans coupés, renfermant un escalier en limaçon (fig. 79). Le rez-de-chaussée (fig. 80) se compose d'un vestibule *a* donnant accès, à gauche, à une cuisine *b* avec pierre d'évier et à un garde-manger *c;* à droite, à une chambre à coucher *g* avec cabinet *h* et à des lieux d'aisances *f*. Au fond s'ouvrent, d'une part, l'escalier, de l'autre la porte de la salle à manger *d,* que l'on traverse pour arriver à un cabinet de travail *e*.

Au premier étage (fig. 81) est une chambre à coucher *i,* à côté de laquelle est un cabinet *k* donnant communication à une autre chambre à coucher *l*. C'est dans cette pièce que s'ouvre la petite avance qui est représentée dans l'élévation (fig. 79). Cette petite saillie, supportée par un cul-de-lampe en pierre de taille faisant corps avec la maçonnerie, est construite soit en bois, soit en briques, et percée de trois baies de fenêtres. Par ces ouvertures, le chef de l'exploitation peut jeter ses regards de surveillance sur les différentes parties du domaine, ainsi que nous l'avons dit dans l'explication de la pl. 20. Au premier étage se trouve encore un grand salon *m;* une ou deux portes-fenêtres permettent de communiquer de ce salon à une terrasse située au-dessus du cabinet de travail, et d'où la vue s'étend sur les jardins ou sur d'autres parties des cultures.

— Nous sommes arrivés à l'habitation du *gentleman-farmer,* au *cottage for gentry,* à la maison de campagne, au petit château si l'on veut; n'allons pas plus loin; nous sommes bien près du château que l'on ne saurait, sans abus, faire rentrer sous la dénomination de *constructions rurales.*

PARIS. — IMPRIMERIE DE Mme Ve BOUCHARD-HUZARD, RUE DE L'ÉPERON, 5. — 1866.

ANNEXES

POUR HABITATIONS D'OUVRIERS.

Dans les grandes exploitations, il est souvent utile de pouvoir offrir des logements à proximité du domaine aux familles d'ouvriers que l'on y emploie la plus grande partie de l'année. En leur procurant un logement confortable, en même temps qu'économique pour eux, et un petit jardin, on peut s'attacher quelques-uns d'entre eux et les engager à se fixer pendant une ou plusieurs années près du domaine où ils trouvent du travail.

Nous n'avons pas à revenir sur la disposition des habitations à l'usage des ouvriers de la campagne, nous en avons donné bien des exemples dans la première partie de cet écrit; nous dirons seulement quelques mots de l'arrangement d'un certain nombre de ces demeures dans le voisinage de l'exploitation.

La condition la plus importante à remplir dans la distribution de ces logements, par rapport les uns aux autres, est que chaque famille puisse y être indépendante et qu'elle n'ait pas de communication indispensable avec ses voisins.

Quelques constructions accessoires seulement, comme les fours, les puits, les réservoirs, les lavoirs, peuvent être d'usage banal ; mais il faut qu'elles soient assez nombreuses pour que tout le monde en profite à son tour, aussi fréquemment que le comportera le besoin et sans une attente qui deviendrait une gêne sérieuse.

On obtiendra ce résultat par la création d'une espèce de hameau placé à quelques centaines de mètres de l'exploitation, et dans des conditions de salubrité, d'orientation, de facilité d'accès, autant que possible analogues à celles où le domaine doit être disposé. Ce hameau, qui pourra, suivant son importance, devenir un village, sera tracé sur une ou plusieurs lignes de bâtiments d'habitation dans l'intervalle desquelles on établira les constructions à usage banal.

On accordera pour chaque ménage un jardin clos dont la surface variera entre 5 et 10 ares.

Chacune des habitations pourra être placée isolément, soit au milieu du jardin (fig. 82), soit en avant ou au fond de cet enclos.

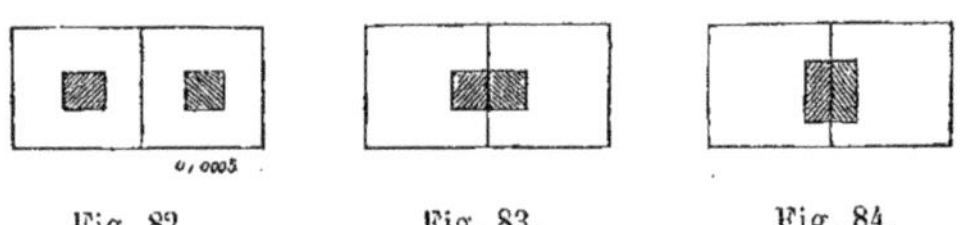

Fig. 82. Fig. 83. Fig. 84.

Mais on obtient quelque économie dans l'exécution en accolant deux de ces maisons entre elles par le pignon (fig. 83), ou en les adossant par une des faces (fig. 84). Les maisons doubles ainsi formées présentent à peu près les mêmes garanties d'isolement aux ménages, pourvu qu'une clôture bien établie divise les jardins en s'appuyant sur le bâtiment à la ligne séparative dans la distribution intérieure : dans aucun cas, une fenêtre d'une des habitations ne doit ouvrir sur le jardin du compartiment voisin.

On obtiendrait encore un résultat plus économique, au point de vue de la construction, en établissant des maisons pour quatre ménages, suivant l'une des formes indiquées au plan dans les fig. 85, 86 et 87, surtout en exhaussant les bâtiments de manière à ce qu'un

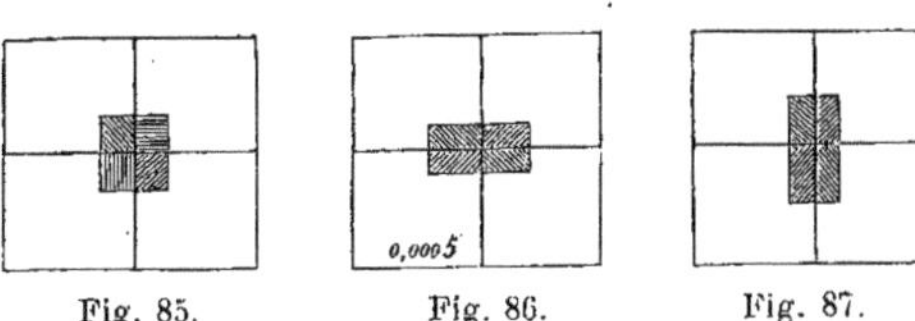

Fig. 85. Fig. 86. Fig. 87.

premier étage contienne une ou deux chambres, le bas étant réservé pour la cuisine et les locaux accessoires. Mais, avec ces dispositions, il est impossible de donner à chacun des quatre compartiments la même exposition solaire; c'est une difficulté qui excite parfois des jalousies, à cause des avantages qu'un logement bien orienté présente sur celui qui n'a pas une exposition analogue. On pare bien à cet inconvénient par un système de roulement entre les habitants, en accordant le choix des logements vacants aux ouvriers les plus âgés ou à ceux qui sont depuis le plus long temps employés sur l'exploitation; néanmoins nous croyons qu'il est préférable de disposer les habitations sur une même ligne, comme dans les fig. 82, 83 et 84.

Enfin, au même point de vue économique, on préférera placer les maisons d'ouvriers à côté les unes des autres sur une ligne continue plus ou moins longue, suivant le nombre des ménages que l'on doit loger : Sinclair avait ainsi construit, à côté de sa ferme, deux lignes de maisons pour ouvriers ruraux. L'inconvénient de cette disposition est le peu de largeur qui en résulte pour les jardins, ceux-ci ne pouvant être plus étendus que la façade d'un des compartiments, c'est-à-dire ne dépassant guère 8 à 10 mètres de large; il faudrait leur donner 50 mètres de long pour que leur surface fût de 4 à 5 ares. Pour faciliter l'accès de l'habitation, il sera préférable de disposer en avant une petite cour de 5 à 6 mètres seulement, et de rejeter le jardin derrière le bâtiment.

Un exemple de construction de ce genre destinée à cinq ménages est représenté, dans la pl. 25, en élévation longitudinale par la fig. 88, en élévation latérale par la fig. 90, et en plan par la fig. 89; nous en avons puisé les indications dans le travail d'un architecte écossais (1), mais en y apportant quelques modifications que nous croyons nécessaires pour nos ouvriers.

Le bâtiment se compose d'une partie centrale dont la distribution est seule particulière; de chaque côté se trouvent deux autres constructions symétriques, et comprenant chacune deux habitations à peu près semblables.

Voici la composition du logement destiné à chaque ménage :

v, vestibule ou entrée au-dessus d'un perron; au fond est un cabinet pour serrer les outils.

a, chambre d'habitation ($3^m,50 \times 5^m,50$).

b, cuisine avec alcôve fermée, ayant $2^m,10$ de longueur et $1^m,20$ de profondeur, pouvant servir pour un lit d'enfant.

c, laverie ($2^m,50 \times 3^m$).

d, garde-manger ($1^m,50 \times 3^m$).

e, bûcher et cellier ($1^m,50 \times 3^m$).

k, latrines derrière lesquelles est un emplacement pour cendres, menus débris, fumier, etc.

L'habitation centrale est seule augmentée d'une chambre dans le comble; on y arrive par un escalier ouvert dans le vestibule. Les pièces du rez-de-chaussée sont un peu plus grandes que celles des autres logements; elles ont 4^m sur $5^m,50$. A chacune des habitations extrêmes est ajouté un appentis formant un petit cabinet pour la chambre principale et un poulailler *i* ouvert au dehors.

Si on établissait un plus grand nombre de compartiments, les deux appentis seraient reculés aux extrémités.

Ainsi que le montre le plan, une petite cour est ménagée derrière, et un jardin devant chaque habitation. Suivant la disposition des localités, le jardin pourrait être placé derrière le bâtiment, et on y accéderait en traversant la cour; il faudrait cependant alors

(1) *Essay on the construction of cottages*, by G. Smith. Edinburgh, 1834, in-8°.

Fig. 88.

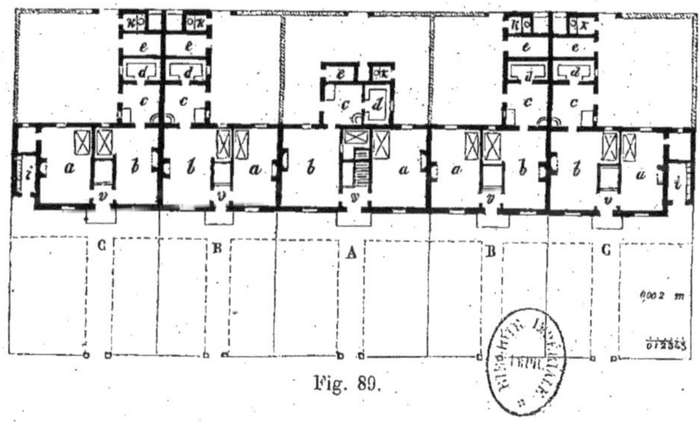

Fig. 89.

Fig. 90.

10 mètres
0 1 2 3 4 5 6 7 8 9 10

qu'un sentier fût ménagé le long de la ligne des jardins pour qu'on pût y amener des fumiers ou du terreau, et enlever les débris sans être obligé de traverser la maison; par suite de la suppression du jardinet devant celle-ci le vestibule s'ouvrirait alors directement sur la rue ou sur le chemin; nous croyons préférable de disposer une cour ou un petit jardin devant l'habitation (1).

(1) On consultera utilement pour la disposition des logements d'ouvriers les ouvrages suivants : — *des Habitations ouvrières*, par Henri Roberts, traduit et annoté par ordre du Président de la République (Napoléon III). Paris, 1850, in-4°, figures; — *Habitations ouvrières et agricoles, cités, bains et lavoirs, etc.*, par E. Muller. Mulhouse, 1856, gr. in-8° et atlas in-folio; — *Sur la nécessité d'une double réforme de l'architecture domestique spécialement appliquée à la construction de maisons pour les classes moyennes et ouvrières*, par F. Abate. Saint-Germain-en-Laye, 1856, in-4°, figures; — *Les cités ouvrières de Mulhouse et du département du Haut-Rhin*, par A. Penot. Nouvelle édition. Mulhouse, 1867, in-8, figures.

TABLE.

PARIS. — IMPR. DE Mme Ve BOUCHARD-HUZARD, RUE DE L'ÉPERON, 5. — 1868.

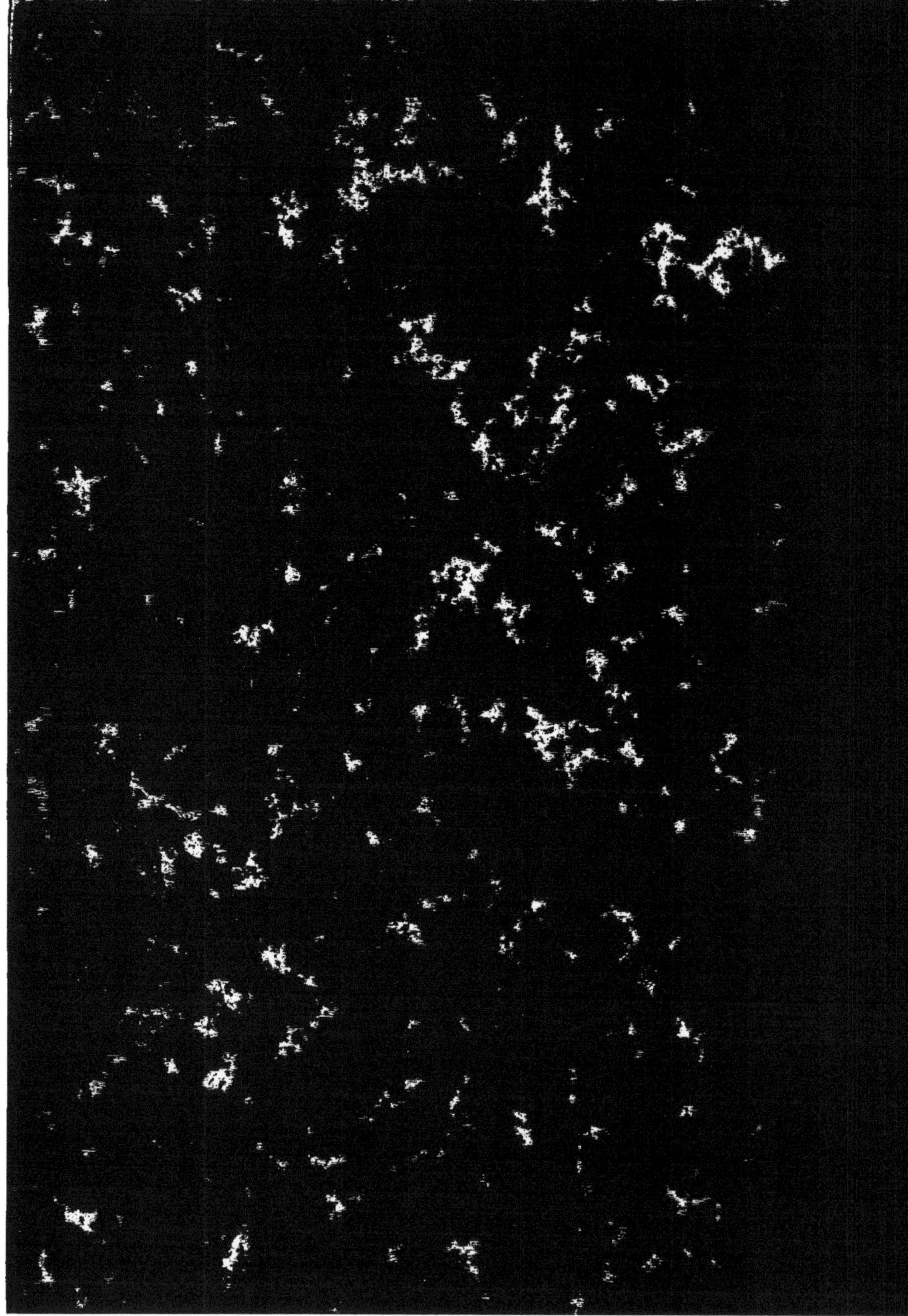

www.ingramcontent.com/pod-product-compliance
Ingram Content Group UK Ltd.
Pitfield, Milton Keynes, MK11 3LW, UK
UKHW020352230726
13925UKWH00003B/1080

9 782013 690355